読む数学

瀬山士郎

角川文庫
18368

目次

第2章　文字と方程式

第3章　変化の法則と関数

第4章　微分と積分

第5章　形と幾何学

はじめに

「数学」、この言葉を聞いて、みなさんはどんな気持ちになりますか？

「難しい」「テストでいやな思いをした」「なんでこんなもの勉強しなければならないのかわからない」、こんな気分になる人もいると思います。

しかし、「理詰めに考えることが楽しかった」「抽象的な世界が見えた」「いまの自分の仕事に役立っている」という人もいるでしょう。

いま、大勢の人の間で数学に対する関心が高まっているように見えます。数学者を主人公にした小説や映画も発表されました。

多くの人がものの豊かさをそれなりに実感し、しかし、それだけでは満たされない心の隙間を埋めようと、抽象的な価値観を求めているように見えます。数学が興味、関心をひく素地はここにあるのではないかと思います。

数学はこの世界、この社会を合理的な目で眺め考えていくためのたくさんの手段を提供しています。それが一方では抽象的、普遍的な価値観につながっていきます。

数学は、この文明を基盤で支えている合理主義の世界であると同時に、何百年も未解決であった問題が解けたという、いわば極地探検やヒマラヤ登山にも似たロマンの世界でもあるのです。

テスト、競争原理という世界から少し離れて数学を読んでみると、そこにはいわゆる学校数学とはちょっと違った数学のもう一つの姿が見えてきます。

それは、合理的であると同時にファンタジーでもあるという不思議に魅力的な世界です。

本書は、数学用語を解説しながら、数学が何をどのように考えてきたのか、数とは何なのか、方程式を解くとはどういうことだったのかなどを解説した本です。基本的な数学用語は太字で表記してあるので、辞書のように使えると思います。

数学という学問の性質上、数式をまったく使わないということはできませんが、高等学校程度の数学の知識で、もう一度数学を眺め直すきっかけになることを願っております。

第1章

数と計算

数について

「数」、いま21世紀の現在、私たちの生活は数抜きでは考えられません。

朝、目覚めてから夜、床につくまで、生活のほとんどすべての場面で数が出てきます。「起床時間6時」はすでに数ですし、「2006年4月1日」という日付もそうです。うれしい数字もあるでしょうし、いやな数字もあります。すぐに実感がわく数もあります（1000円の買い物！）が、とても実感がわかない数（700兆円の借金！　ちゃんと書くと700000000000000円）もあります。

このように、いま、人の生活は数で成り立っているといってもいいでしょう。

しかし、改めて「数って何だろう」と問い直してみると、これは案外難しいものです。私たちが知っている数はすべて具体的な「モノ」に結びついているはずです。3は目の前にある3個のリンゴの数、4はいま団らんしている家族の人数、101はディズニー映画に出てくるかわいい子犬の数――。あるいはモノでなくても、2014は今年の西暦の数、127000000は2012年の日本の総人口の概数です。

私たちは、数「3」そのものを見たことはありません。けれども数「3」で表されるモノはたくさん知っています。それらは3人の人であったり、3台の自動車であったり、あるいは3番目の子どもであったりします。

けれど、これらは数「3」そのものではありません。

こうしてみると、数とは不思議なものだと思います。これからしばらく、数とは何なのかということもテーマにしながら、いろいろな数（数々の数！）について考えてみようと思います。

自然数

数がどのようにして生まれてきたのか、確実な説があるわけではありませんが、数を考えようとする一番最初の動機は、「多さを比較する」ということだったと思われます。

ここにいる動物たちと向こうにいる動物たちとではどちらが多いか考えること、あるいは取ってきた木の実の多さを比較することは、大昔の人たちの生活に直結する大問題だったのかもしれません。

ところで、比較するという行為で一番基本的なことは何でしょうか。私たちは数を数えて比較することに慣れてしまっているので、数を数えて比べればいいだろうと思います。

しかし、数を数えることなしに多さを比べることももちろん可能です。たとえば、コンサート会場にたくさんの椅子があります。空席がなく、立っている人もいないなら、椅子の多さと人の多さは同じです。もし空席があるなら椅子のほうが多いでしょうし、立ち見の人がいるなら人のほうが多いことになります。

この単純な原理を一対一対応の原理といいます。指定席なら椅子の総数とキップの総数は同じで、1枚のキップに一つの椅子が対応しています。椅子と人、花瓶と花、お皿とお菓子のように、直接、対応関係をつけることが簡単なものなら、一対一対応の原理で、どちらが多いかを知ることができます。これを直接比較といいます。

しかし、この世界には直接比べることができないものもたくさんあります。離れたところにいる動物の群の多さをそのまま比べることは難しいでしょうし、ここに生えている木と向こうの山に生えている木の多さを直接比較することはできません。人はこんなときにこそ知恵を働かせたのだろうと思います。

まず、ここに生えている木の1本1本に縄を結びます。すべての木に縄を結び終わったら、それをほどき、その縄を持って山の向こうに行きます。そして、そこに生えている木にその縄を結ぶのです。

もし、縄が足りなくなれば、こちらの木のほうが多い、また、縄が余るようなら、さきほどの木のほうが多い、そしてぴったりと結ぶことができるなら、どちらの木の本数も同じです。

この縄が数です。この縄さえあれば、木の数を比較するのはわけがありません。木に縄を結び、それをほどいてもう一方の木に結んでみればいいのです。木でなくても大丈夫、こちらの牛の群とあちらの牛の群でも、牛の首に縄を結んでみればいいわけです。

しかし、考えてみると、縄を使うのならこんなやり方もあります。とにかく縄をたくさん用意して、双方の木に結びます。全部の木に結び終えたら、それをほどき、縄だけを持ち寄って1本ずつ対にして比べるのです。こちらの縄が余ればこちらの木が多い、あちらの縄が余ればあちらの木が多い——こうして、昔の人はたくさんの短く切った縄の入った袋を腰にぶら下げて、多さを比べるときにはその縄を使いました、というのは冗談ですが、これに似たことはあったのかもしれません。

この場合、縄はたしかに数と同じ役割を果たしています。このような比較を間接比較といいます。しかし、いつも縄を持ち歩くのは大変です。もっと簡単に持ち運べるもの、それが数です。

私たちは何気なく数を使っていて、それがごく普通の使い方では、木に結んだ縄と同じものだとは考えません。

しかし、二つのグループの人の多さを比べるとき、人数を数えて、片方は26名、もう片方は27名、だからこちらのグループのほうが1人多いとするのは、結局、数詞という縄を各グループの人の腰に結びつけたということです。普段使わないような大きな数については、これだけで比較をするのは現実問題としては難しいでしょう。

しかし、原理としてはこれが一番もとになる数の意味です。こうして1、2、3……という**自然数**が生まれました。「……」の部分は、自然数がいくらでも大きくなるということですが、これはあとでもう少しくわしく考えてみましょう。いまは数がいくらでも大きくなるというおおざっぱな理解で十分です。

ところで、自然数にはもう一つ大きな役割があります。それは「自然数が順序を表す」ということです。二番目や五番目というときの2や5です。大昔の人にとって、目の前にある二つのリンゴの2と、いま通り過ぎていった二匹のイノシシの2が同じ2という概念で表されることを理解するのは容易なことではなかったでしょう。

このように順序を表す数のことを**序数**（あるいは**順序数**）といい、前に説明した多さを表す数を**基数**といいます。

基数としての自然数を考えると、自然界には無限にたくさんあるものはありませんから、どんなに大きくても、有限の数で間に合うかもしれません。昔、アルキメデスは全宇宙にある砂粒の数を数えようとしてとてつもなく大きな数を考えましたが、それでも有限です。

ところで、序数としての自然数を考えると、どんな自然数にも次の自然数があります。「どんな数にも次の数がある」、これが数がいくらでも大きくなるということの一つの表現です。これは次のようなゲームにたとえることができるでしょう。

「大きな数を言ったほうが勝ち」というゲームをします。このゲームは原理的に後手必勝です。なぜなら、後手には「先手の言った数＋1」という究極の必勝法があるからです。

もちろん具体的に数詞を言い合うのなら、兆の上の単位を知らない人なら9999兆9999億9999万9999と言われてしまえば負けですが、それはこのゲームの本質ではないことは明らかです。これが、「数が無限にある」ということにほかなりません。
ところで、これをもう少し精密にいい直したものを**アルキメデスの原理**ということがあります。アルキメデスの原理については分数のところでくわしく説明しましょう。

位取り記数法と0

数を表す方法はいくつもあります。一番簡単なのは横棒を使うことでしょうか。つまり5を|||||で、13を|||||||||||||で表すことです。これは縄そのものといってもいいかもしれません。この記法は簡単ですが、ちょっと数が大きくなったらとても不便でどうしようもありません。そこでローマ数字では少しずつ新しい記号を使って、たとえば5ならVという記号を使い、10ならXという記号を使ったのです。

しかしこの記法にも大きな欠陥がありました。前に説明したとおり、数は無限にたくさんあります。このやり方だと、新しい数が出てくるたびに新しい記号を用意しなければなりません。これでは記号を無限に使うことになります。そこで考えられたのが**位取り記数法の原理**でした。

位取り記数法とは、数を表す記号を、どの場所に書かれたかによって区別する方法です。同じ1という数字が表す数が、場所によって変わるということです。そのためには二つの大きな飛躍が必要でした。一つは、数えるものをいくつかに束ねることにより新しい単位をつくるということ、もう一つは空位を表す「0」の発見です。

まず、束ねるということから考えましょう。複数のものを束ねて新しい単位をつくるとき、最初に問題になるのはいくつを束ねるかということです。人には指が10本あります。ここから、10個をひとまとめにする**10進法**が発生しました。10進記数法では、10集まったらひとまとめにし、それがさらに10集まったらまたひとまとめにするという方法で数を数えていきます。

一方、二つ集まったら束ねるというのが、最も簡単な束ね方です。これをもとにして**2進法**が生まれました。電流には、流れるか流れないか、という二つの状態があり、これを2進法で表すことができます。これはコンピューターなどの内部で使われています。まとめ方はいくつでもいいので、12進法や16進法なども使われることがあります。

ところで、位取り記数法で決定的に大切なのは「0」の発見でした。

私たちは「じゅういち」を11と書きます。これはバラバラのものが1個と10の束が1個ということで、最初の1と次の1では、同じ数字1が書かれていても表す数が違っています。これが「場所による違い」ということです。

二番目に書かれた1は10の束が1個であることを示しています。同じように１１１は3ではなくて、１００の束1個、10の束1個、バラ1個を表しています。つまり、一番右の場所はバラバラのものの個数、二番目の場所は10の束の個数、三番目の場所は１００の束（10の束10個）の個数という具合です。

では、１００の束はあるのに10の束が一つもないときにはどう表せばいいでしょう。11と書くわけにはいきません。そこで、どうしても、10の束が一つもないことを表すために、その場所が空っぽであることを示す記号0が必要になったのです。こうして、１０１という表記が可能になりました。

結果、私たちはたった10個の記号0、1、2、3、4、5、6、7、8、9を使って、無限にたくさんある数すべてを表すことができるようになったのです。

これで0という数字がいかに大切かがわかります。数が単にあるものの多さを表している段階では、ないものを表すことはとても難しかったに違いありません。「数える」という動機がないからです。そこに何もないのだから、数える理由がない！

ここにリンゴが一つもないということと、ここにリンゴが0個あるということが同じであることを理解するために、人はどれくらいの時間を費やしたことでしょう。しかし、位取り記数法ではその場所が空っぽであるなら、つまり10や１００の束がないなら、それを明記する必要があります。こうして0はなくてはならない数になりました。

分数と小数

　こうしてモノの個数を表す数として自然数が発見されました。自然数は一つずつ、いくらでも大きくなっていきます。これで、この世の中にあるいろいろなものの多さを「数える」ことができるようになりました。このように自然数で「数える」ことができる量を**分離量**といいます。

　普通、分離量にはその量固有の数詞があります。たとえば、人なら「人《にん》」、動物なら「匹」、自動車なら「台」という具合です。日本の数詞はバラエティーに富んでいておもしろいですね。たとえばウサギは動物なのに羽《わ》と数えます。これはウサギが鵜《う》と鷺《さぎ》だからだということです。たんすは竿《さお》と数えるようです。

　しかし、これらは日本語としてはおもしろいし美しいのですが、個数を数えるということの本質ではありません。ちょっと乱暴ですが、すべて1個2個と数えることにしても間違うことはないのです。つまり、分離量はある意味ですべての単位が「個」であるといってもいいでしょう。

　けれども、この世界には数えることができない量もあります。たとえば、長さがその典型的なものです。長さを1個2個と数えることはできません。長さは、単位を決めて「測る」ことができる量です。広さ、速さ、重さなどはすべてそのような量です。これを**連続**

量といいます。

連続量を測るときには、普通は単位を決め、その単位によって量を測ります。たとえば、長さなら「m」、重さなら「g」、広さなら「m^2」です。

ところが、この場合、私たちは分離量の個数を「数えた」のとは全く違う状況に直面します。それは分離量と違って、連続量の場合は半端が出るのが当たり前だ、ということです。「m」や「g」を単位にして長さや重さを測ったら、二つ分と余り少し、というのが当たり前に出てきます。この余った分をどう測ったらいいか、というのは大きな問題です。

これを測るためには、大きく分けて二つの方法があります。一つは単位を10等分した新しい単位を用意しそれで測る、さらに余りが出たらその単位をさらに10等分して、もとの単位を１００等分した新しい単位をつくってそれで測るという方法です。

これは数の10進記数法の構造を小さいほうに拡張していくもので、それなりにわかりやすい方法です。こうして**小数**という数が生まれました。小数を使えば、長さは２・３５ｍのように表記することができます。これは単位を明記していえば２ｍ３dm５cmとなりますが、どういうわけか、日本では１ｍを10等分したdmという単位はあまり使われないようなので、そこを飛ばし、余りをcmで測って２ｍ35cmというのが普通です。

しかし、余りを測るのには、もう一つ別の方法があります。それは単位を10等分と限らずに２等分、３等分……とした単位を用いる方法です。

これは、余りはもとの単位の何分の1かを考える方法で、こうして**分数**が生まれました。小数の場合、単位は10等分、１００等分……されるだけですから、単位を明記しなくても０・３５と書けば大きさがわかります。

しかし、分数では何等分したものを単位として用いるかを明記しなければ大きさがわかりません。そこで「$\frac{m}{n}$」という記号が考え出されたのです。この記号は、単位をn等分したもののm個分という意味です。

分数は、最初のうちは理解が難しい数です。理解が難しい最大の理由は、分数が全く不定の単位を使うというところにあります。小数は、基本単位の$\frac{1}{10}$、$\frac{1}{100}$……を新しい単位として設定します。

ですから、小数ならその大小は見ればわかりますが、分数ではとっさに大小が見分けられない場合もあります。たとえば$\frac{7}{13}$と$\frac{4}{7}$のどちらが大きいかはとっさには判断がつかないかもしれません。13個に分けた7個分と7個に分けた4個分では、単位が違っているために簡単には比較できないのです。$\frac{1}{13}$と$\frac{1}{7}$では$\frac{1}{7}$のほうが大きいことは明らかですが、その7個分、4個分となると、どちらが大きいかはすぐにはわかりません。

こうして、分数では**通分**や**約分**という、いわば分数の単位である分母をそろえるといういままでにはなかった技術が必要になったのです。

ここではもう一つ、単位を「n等分したもののm個分」という分数の意味が、mをn等

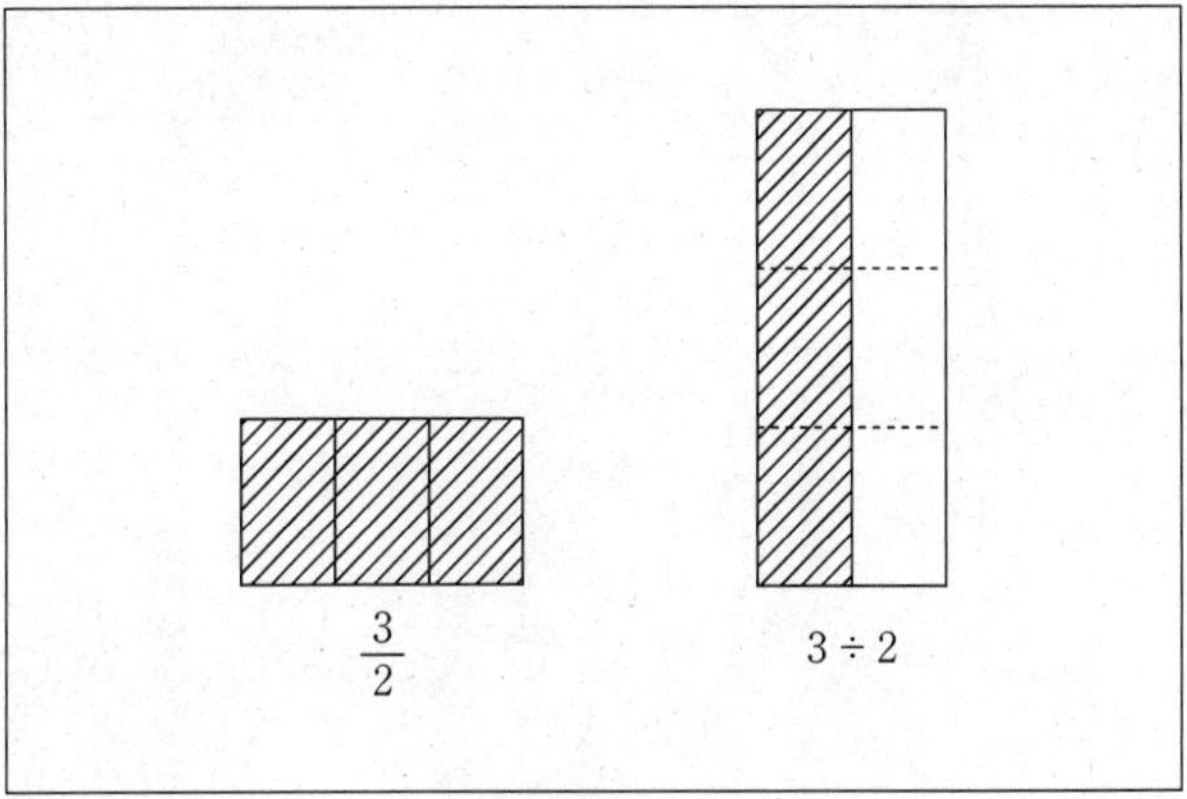

■図 1

分した1個分つまり、「$m \div n$」でもあることを注意しておきましょう。これは上のような図を書いてみるとよくわかります。

この場合、分数 $\frac{m}{n}$ は n 倍すると m になる数という意味を持ちます。分数が量を表すと同時に演算の結果を表していることはとても大切なことです。

このように分数にはいくつかの意味があります。それが分数の理解を難しくしていますが、一方で、数学的な内容が豊富でおもしろい数でもあるのです。その一つとして、小数と分数の関係を調べておきましょう。

これまでに見てきたように、分数 $\frac{m}{n}$ には $m \div n$ という意味があります。このわり算を具体的に実行するとどうなるでしょう。

わり算を実行したときに割り切れるなら、この分数は有限の小数となります。このように、有限の桁《けた》数で終わっている小数を**有限小数**といいます。

ところが、分数の中には$1/7=1\div 7$のように割り切れないものがあります。このとき、余りは必ずわる数、この場合なら「7」より小さいので、0から6までの7通りしかありません。余りが0というのは割り切れたということですから、余りは1から6までの6通りです。ですから、最大で7回のわり算を繰り返すと必ず同じ余りになることがあり、そこからあとは同じ計算の繰り返しになります。

このように、どこからか同じ数を繰り返す小数を**循環小数**といいます。つまり、分数をわり算と考えてそのわり算を実行すると、割り切れない場合は必ず循環小数となるのです。これはなかなかおもしろいことです。まとめると、「分数を小数で表すと、必ず有限小数か循環小数になる」ことがわかりました。

さて、最後に、自然数がいくらでも大きくなることに関係して説明した**アルキメデスの原理**を、もう一度ここで説明しておきます。

アルキメデスの原理

自然数がいくらでも大きくなることは結局、どんな自然数nの次にも、それより大きい自然数$n+1$がある、ということでした。

ではここで、2つの自然数aとb（$a<b$）を考えます。このときaがどんなに小さくても、またbがどんなに大きくても、aを根気よく足していけばいつかはbを超えて大きくなります。つまり、「$b<na$となる自然数nがある」ということが成り立ちます。

これは、「塵《ちり》も積もれば山となる」の数学バージョンです。とくにaを1とすれば、「どんなに大きな数bに対しても、$b<n$となる自然数がある」ということになります。

これが数学的につかまえることができた「自然数はいくらでも大きくなる」ということの内容で、**アルキメデスの原理**といいます。

ところで、この原理は分数についても成り立ちます。二つの分数a、b（$a<b$）を考えます。このときaがどんなに小さい分数でも、またbがどんなに大きい分数でも、aを根気よく足していけばいつかはbを超えて大きくなります。つまり、「$b<na$となる自然数nがある」ですが、これもまさに「塵も積もれば山となる」です。

ところで、このアルキメデスの原理をとても小さい分数ε（イプシロン）と1（1も当然分数です）に当てはめると、非常に小さい数εに対して、「$1<n\varepsilon$となる自然数nがある」ということが成り立ちます。

どんな小さい数でも根気よく何回も足していけば、そのうち1より大きくなる、というごく当たり前のことをいっています。ところが、この考えこそが高等学校で学ぶ極限の一番底にある考え方なのです。

いま、この両辺をnで割ると、どんな小さい数εについても、「$\frac{1}{n}<\varepsilon$となる自然数nがある」ということになります。これはアルキメデスの原理を逆のほうから見た内容ですが、これこそが$\frac{1}{n}$の極限値が０となることの数学的な内容にほかならないのです。

つまり、極限値という考え方は、素朴な「自然数はいくらでも大きくなる」ということのごく自然な発展なのです。これをさらに精密に数学的に整理した理論を**$\varepsilon-\delta$論法**といいます（１５９ページ）。極限についてきちんと議論をしようとするときには欠かすことができない論法です。

無理数

連続量に関して小数と分数の説明をしました。ところで、小数についてはこんな疑問があります。

連続量を測るとき、余りが出たらそれを小数で測る、つまり単位を$\frac{1}{10}$にした新しい単位で測る、それで測り切れれば問題はありません。でも、さらに余りが出るかもしれません。そうしたら今度は単位を$\frac{1}{100}$にした新しい単位で測る……。

しかし、この操作がどこかで終わるという保証があるのでしょうか。もし、どこまで行っても余りが出続けたらどうするのでしょう。この疑問は、少し注意深い人なら一度は考えたことがあるのではないでしょうか。「ある単位を設定すれば、その単位でこの世の中のものすべてをきちんと測りきることができるだろうか？」。

　そのような普遍的な単位はあるのでしょうか。もし、そのような普遍的な単位があるなら、それを使ってこの世界のすべてを測りきることができます。しかし、

「すべてを測りきることができる普遍的な単位は存在しない」

というのが答えです。

　少し説明しましょう。正方形の一辺と対角線の長さを考えます。一辺の長さを単位に決めると、もちろん辺の長さは1です。しかし、対角線の長さをこの単位で測りきることはできません。単位（の長さ）を$\frac{1}{10}$、$\frac{1}{100}$……と細かくしていっても、対角線の長さにはつねに余りが出てしまいます。

　逆に、正方形の対角線の長さを単位に決めると、今度は辺の長さをこの単位で測りきることができないのです。つまり、正方形の一辺と対角線の長さには、共通の尺度がないのです。これは正方形の一辺の長さの何倍かが対角線の長さの何倍かになることはないことを意味していて、式でいうと、「一辺の長さ×n＝対角線の長さ×mとなる自然数n、mは存在しない」ということです。

　このとき、この二つの量は「**通約不能**である」といいます。

古代ギリシャのピタゴラス学派は、すべての量は通約可能であると考えました。この宇宙には、すべてを測りきる万能の尺度があると考えたのです。しかし、この考えは間違っていました。残念ながら、この宇宙はそれほど単純明快ではありませんでした。通約不能の量の片方を測りきる単位を設定したとき、もう片方の量を**無理量**といいます。

通約可能な量a、bとは「$a \times n = b \times m$となる自然数n、mがある」ということですから、たとえばbを単位に取れば、「$a = \frac{m}{n}b$」となり、aはbを単位としてbの$\frac{m}{n}$倍となる、つまりaはbを1とすれば、分数$\frac{m}{n}$で表されます。

したがって、無理量とは、ある単位設定に関して分数では表示できない量なのです。この量を表す数を**無理数**といいます。

無理数は分数では表すことができません。ところが、前に調べておいたように、分数を小数で表すと、有限小数か循環小数になります。ですから、無理数を小数で表すと循環しない無限小数になります。

たとえば、正方形の一辺の長さを単位にしたときの対角線の長さは$\sqrt{2}$で表される無理数になりますが、この値は小数で表すと、「$\sqrt{2} = 1.41421356$……」となります。

あるいは、円周率πも無理数ですが、その値は円の半径を単位として測ると、「$\pi = 3.141592653589793238462643383279502884197$……」となります。

無理数という数が存在するということは、この世界の多様性を意味しています。たしかに無理数は扱いにくい不思議な数ですが、無理量とそれを表す無理数が存在するおかげで数学はとても豊かなものになり、ひいては、この世界そのものがとても豊かなものになったのです。

ところで、「無理数」という日本語は、ちょっと不思議な感じがするでしょうか。「無理な数?」、この語感が無理数をよけいに難しそうにしています。

無理数に対して、分数で表される数を**有理数**といいます。

こちらは理屈のある数です！　じつは有理数を英語で rational number といい、無理数を irrational number といいます。ラショナルとは、「比になる」という意味を持ち、イラショナルは「比にならない」という意味を持ちます。

つまり、有理数とは「比になる数」で、分数で表される数、無理数とは比にならない数、つまり分数で表せない数という意味で、これだといままでの説明とピッタリ合います。けれど、無理数という訳語も、この数は比に表すことが無理、と考えるとこの数の感じによく合っているのではないでしょうか。

こうして発見された無理数（＝分数で表せない数）と有理数（＝分数で表される数）を合わせた数を実数と呼びますが、実数については改めてくわしく説明しましょう。

実数

いままでは扱ってきませんでしたが、数には**負数**があります。マイナスの数です。じつは、マイナスの数が人に認知されたのは、ずっとあとのことでした。私たちは、マイナス3個のリンゴとかマイナス5人の人などを、実在の量として認識することはできません。

自然数がものの個数を表すとすると、そもそも、ないものの個数を表す0の理解がとても難しいものでしたが、ないものより少ない数！　というのは理解を絶すると思われます。けれどこれは、数が実在の量を表さなければならないと考えるからです。実際、2は2個のリンゴを表しますが、同時に2番目の人も表しました。2番目の人を表現する2は、実在の量とは少し違います。

これをさらに進めると、数が「状態」を表すことができることに気がつきます。つまり、何かを基準にして、それより多いとか少ないとかの状態です。

こうして負数、「マイナス」の数が発見されました。マイナスの数を、数の前に「－」をつけて「－3」のように表します。水が凍る温度を基準の0にとれば、普通の気温が「21度」などで示されますが、0度より低い気温は「－4度」のように表せます。

この負数はとても便利な数でした。こうして数の表す世界は飛躍的に広がったのです。

ここまでくると、いままで扱っていた数はすべて、マイナスの数を含む数の世界に拡大することができることがわかります。こうして、数を無限に伸びる一直線上に表現することができるようになりました。

数直線とは、左右に無限に伸びる直線を考え、その上の一点を固定して基準の0と考えます。そして右側に単位1をとり、普通の数を右側に、マイナスの数を左側に長さとしてとった直線のことです。実際にはマイナスの長さは存在しないので、長さを逆向きにとったと考えるのです。

こうして、数直線というイメージを使い、私たちは切れ目なく無限に続く数という抽象的な概念を捉えることに成功したのでした。

このように、数直線の上に切れ目なく存在している数を**実数**といいます。正の実数は具体的に存在している量を表すことができますが、負の実数は量の状態も含めたものを表していると考えることができます。

有理数と実数には大きな特徴があります。それは、「どちらも加減乗除算という計算が自由にできる」ということです。

自然数の中では、たし算とかけ算は自由にできますが、ひき算とわり算はできないことがあります。しかし、有理数の中ではひき算とわり算も自由にできます。同じように実数の中でも四則演算が自由にできます。この性質を数学では有理数や実数は**体**《たい》になるといいます。すなわち、有理数は有理数体、実数は実数体と呼ばれます。

体というのはおもしろい訳語ですが、英語では「field」といいます。四則演算が自由にできる場所という意味でしょう。ですから、「場」と訳したほうがよかったのかもしれませんね。

では、有理数と実数を区別している性質は何かというと、「有理数の中には無理数がない」ということです。

たとえば、2乗して2になる数は有理数の中にはありませんが、実数の中には$\pm\sqrt{2}$と二つあります。無理数までも含めた実数の持つ性質を、**実数の連続性**ということがあります。有理数はひとつながりになっていないが実数はひとつながりになっている、これが連続性という言葉で表されているのです。

さて、数の計算についてはあとでくわしく考えることにしますが、普通の人が不思議に思うことは、マイナス×マイナスがプラスになるということでしょう。多くの人がこの規則を不思議に思い、いろいろなことを言いました。

たとえば、作家スタンダールは数学が好きだったようですが、この規則に疑問を呈し、「借金に借金をかけてどうして財産になるのか」という意味のことを言ったと伝えられています。

しかし、これはどうも少しピントはずれです。少し冷静に考えてみると、プラス×プラスがプラスになることでも、財産に財産をかけて財産になるとはいえません。そもそも、財産に財産をかけるということに意味がないのです。

同じように、私の体重は60 kg、愛猫の体重は10 kg、かけて600でしょうか？　やはりかけることに意味がありません。

　つまり、マイナス×マイナスがプラスになることは、新しい別の解釈をつける必要があるのです。それについてもあとで計算のところでくわしく触れます。ここでは、この規則から、0以外のどんな実数でも2乗するとプラスになることに注意しましょう。

　つまり、2乗して-1になる数は実数の中にはないのです。$\sqrt{-1}$が実数の中には存在しないということが、この数についての誤解を生みだしてきました。次に、その新しい数について考えましょう。

虚数と複素数

　2乗するとマイナスになる数を**虚数**といいます。とくに、2乗すると-1となる数の一つを、iという記号で表すことにしましょう。つまり、$i^2=-1$です。

　したがって、$(-i)^2$も-1となり、$x^2=2$の解が$x=\pm\sqrt{2}$となるのと同じで、$x^2=-1$の解は、$x=\pm\sqrt{-1}=\pm i$となります。

だから、たとえば $x^2=-2$ の解は $x=\pm\sqrt{2}\,i$ となるわけです。

この新しい数 i を使って、「$z=a+bi$（a、b は実数）」と書ける数を**複素数**といいます。複素数とは、1 と i の二つの単位を使って書ける数、というくらいの意味です。

虚数や複素数とはこれだけの話なのですが、虚数はこの世に存在しない数で、実数だけがこの世に存在する数だという迷信は、大勢の人につきまとっているようです。

数学を専門に扱う人の中にも、虚数は存在しない数だという考えを助長するような発言をする人もいるのは困ったものです。曰く「こんなけったいな数など金輪際お目にかからない」、曰く「虚数なんて世の中にない数でしょ。そんなもの勉強して何になるんですか?」。

この発言は、あるテレビ番組で高校生の口から出たものなのですが、その番組の司会者が反論もせずそれを聞き流してしまったのは、たぶん司会者自身がそう思っていたからなのかもしれません。その高校生が聡明で知的な好奇心に溢れた少年であったので、よけいに歯がゆく残念に思ったものでした。

もう一度言いましょう。実数だけが実在し、虚数は実在しないというのは迷信です。もし、数があるのかという問いかけに答えるのなら、いままで見てきたように数「3」だって存在はしません。存在しているのは数「3」で表現される何かです。

−3という数も実在の量としては存在しません。存在しているのはその量の状態です。実在しているとだれもが考える正の実数でも、無理数ともなるとその存在感は大変に不安定です。

たとえば、円周率πという数があります。この実数は直径が1の円周の長さですから、たしかに存在しています。ではどんな数かというと、これは無理数になり、10進記数法では終わりのない無限に続く小数で表されます。もう一度その最初の部分を書いてみれば、

π＝3.141592653589793238462643383279502884197……となります。

現在では、この小数はコンピューターを使って1兆桁以上も計算されています。小数点以下1兆桁以上も続く実数！　考えただけでも目が回るのではないでしょうか。

ですから、実数が実在するというのもその意味では幻想です。私たちは小数点以下1兆桁などという数を扱うことができないし、計算することもできません。唯一、想像することだけができるのですが、もしかすると、想像さえもできないのかもしれませんね。

たしかに、虚数には、その生まれたときにはこの世にない数、という雰囲気があったことは間違いありません。実際、英語でもImaginary number（想像の数）といいます。

それは、いままでの数がすべて2乗すると正の数（または0）になったからです。しかし、2乗すると負になる数があってはいけないという理由は何もありません。いままでになかったというのなら、新しくつくればいいのです。1にたしたら0となる数だって、小学生は知りません。それならそういう新しい数をつくればいいのです。こうしてマイナス

という数がつくられました。

　では、虚数はどうして実在しないと思われてしまうのでしょう。迷信のよってたつ基盤は、次の点にあるのではないかと思われます。

「数は具体的な量を表さなければならない」。たしかに小学校以来、数はものの個数、長さ、体積など、具体的な量を表すのに使われました。しかし、前に述べたように、中学校で導入されたマイナスの数は、具体的なものの個数を表すことはないのです。−3個のリンゴは実在しませんし、−5人の人もいません。

　しかし、−3度という温度を考えることはできる。基準とした点のどちら側にあるかによって、マイナスの数を考えることができます。この場合、マイナスの数はものの個数や量ではなく、ものの状態を表すために導入されたと考えればよいわけです。ということは、−5人という人も、定員１００人のコンサートホールで95人の人が入っている状態を表すと考えることもできます。

　このように、マイナスの数は、量と同時にその量の状態を表すことになります。

　虚数は実数ではないので、たしかに数直線上にはありません。では、虚数や複素数が実数直線上にないとして、それらの数は一体どこに「ある」のでしょう。それらの数を実数のように表示することができるのでしょうか。

　ある数に−1をかけると、数直線上の位置がちょうど１８０度入れ替わります。すなわち、

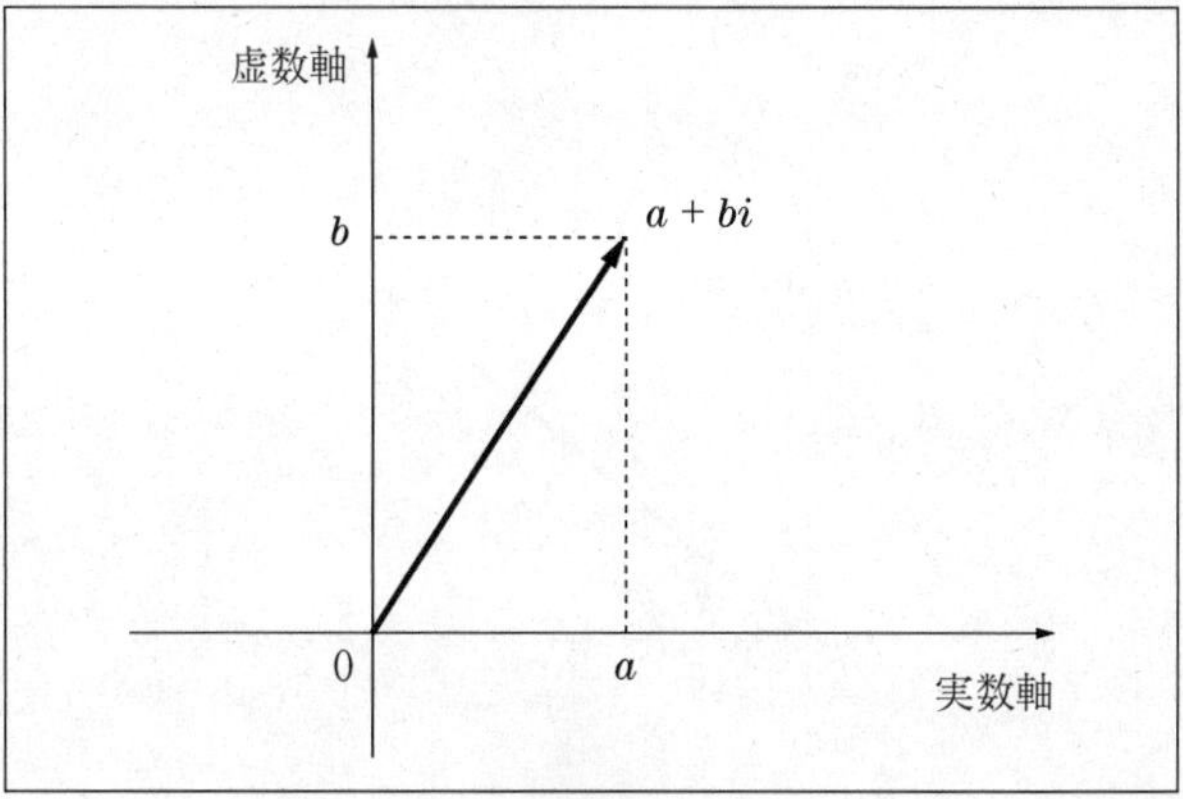

■図２

-1をかけることの一つの解釈として、数直線の数の１８０度の回転という操作を考えることができます。

ところが、「$-1 = i \times i$」ですから、iを2回かけると１８０度の回転になる、つまりiをかけるという操作は、１８０度の半分の回転、すなわち、90度の回転を表すと考えられます。

したがって、1にiをかけると、1は数直線を飛び出して、ちょうど90度回転した直角の位置にくることになります。

このようにして、iは実数軸に直角に交わる虚数軸上にくるのです。つまり虚数iは、実数直線に垂直に交わる直線上にあることになります。すると、複素数$2 + 3i$は、この平面上、図2の位置にあることがわかります。

こうして、複素数の平面への表示が得られ

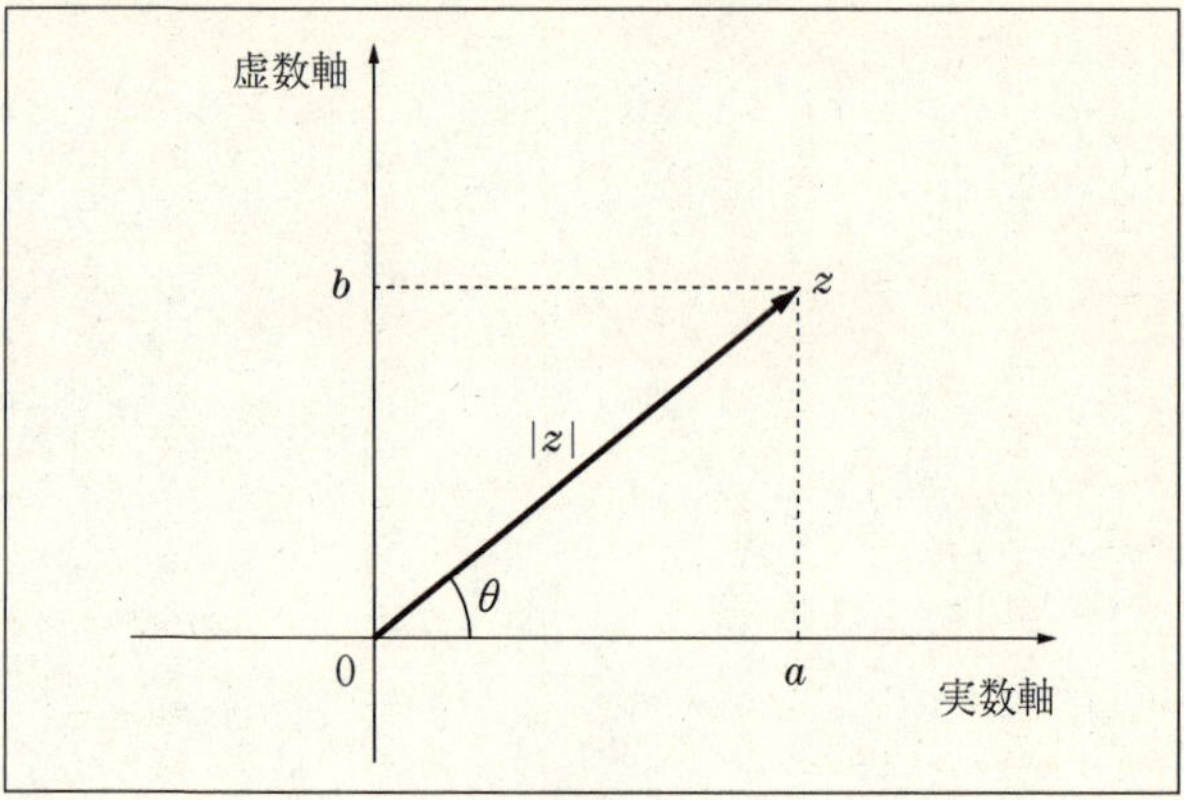

■図３

ます。結局、複素数はたしかに実数直線の上にはありません。その意味では「実在しない」数です。

しかし、数が数直線上になければならないという理由もありません。複素数は実数直線を飛び出した平面上にあります。この平面を**複素数平面**あるいは**ガウス平面**といいます。

複素数は、ガウス平面上の点として表されます。そして、その一つの自然な解釈として、「変換」そのものを表すと考えることができるのです。

このように平面上に表示された複素数 $a+bi$ を、複素数の**直交表示**といいます。

このとき、$0z$ の長さを複素数 z の**絶対値**といい、$|z|$ と書きます。また、$0z$ と実数軸とのなす角 θ を z の**偏角**といいます。偏角は、普通は０度から３６０度の範囲で考えます。

すると、図3から、z の絶対値は $\sqrt{a^2+b^2}$ ですから、これを r とすれば、「$a = r\cos\theta,\ b = r\sin\theta$」ですから、「$z = a + bi = r(\cos\theta + i\sin\theta)$」となります。

この右辺の表示を、複素数の**極形式表示**といいます。

じつは、この極形式表示は、微分積分学を使うと指数関数と深い関係にあることがわかるのですが、それは微分積分学の章でお話しします。ここでは、とくに絶対値が1の複素数が、「$\cos\theta + i\sin\theta$」と書けることを注意しておきます。

数が「量」という「モノ」ではなく、「変換」という「コト」を表すというのは、初めは多少の抵抗感があるかもしれません。しかし、数が表す対象をこのように拡大していくことによって、数学の世界はずっと豊かなものになっていくし、逆に数で表される世界も広がっていく、つまりこの世界そのものがどんどん広がっていくのです。

その他数々の数

いままでに見てきたように、数は、自然数、有理数、実数、複素数とその世界を広げていきました。数はこの世界に存在するいろいろなモノやコトを表現するために発見され、使われてきましたが、その過程で、人は数そのものについての興味も膨らませてきました。

きれいな数、不思議な数、おもしろい数――。数は本来抽象的な概念で、おもしろい、つまらないということはないはずですが、ラマヌジャンというインド生まれの天才数学者はこんなエピソードを残しています。

ラマヌジャンが入院していたとき、彼の師でもあった数学者のハーディがお見舞いにやってきます。ハーディは、乗ってきたタクシーのナンバーが１７２９だったことを告げ、「ただのつまらない数だ」と言ったところ、ラマヌジャンはすぐに、「そんなことはないです。１７２９は $1729 = 1^3 + 12^3 = 9^3 + 10^3$ と、3乗数の和で二通りに表せる最小の数です」と言いました。

ラマヌジャンという際だった個性を持つ数学者を見事に表したエピソードです。

このように、数の歴史の中には、いろいろな名前を持つ個性的な数たちが登場します。それら個性的な数たちのいくつかを紹介しましょう。

(1)素数

自然数の中で、とくにその数自身と1でしか割り切れない数を**素数**といいます。小さいほうから書いてみると、2、3、5、7、11、13、17、19、23……です。1もその数自身と1でしか割り切れないのですが、1は素数には入れません。

素数は、昔から大勢の数学者の興味を引いてきたおもしろい数です。

どんな自然数でも、いくつかの素数の積に分解できます。これを数の**素因数分解**といい

[定理]　素数は無限にたくさんある

[証明]

背理法による。素数が n 個しかないと仮定し、それらを

$$p_1,\ p_2,\ p_3,\ \cdots,\ p_n$$

とする。これらの積 $p_1 p_2 p_3 \cdots p_n$ をつくり、数

$$p = p_1 p_2 p_3 \cdots p_n + 1$$

をつくる。この数 p はどんな素数でも割り切れない（実際、n 個しかないと仮定したどの素数 $p_1,\ p_2,\ \cdots,\ p_n$ で割っても1余る）。

これは、どんな数でも素数で割り切れるという事実に反する。

証明終

（注：ユークリッドの元の証明は、厳密な意味での背理法ではありません）

■図4

ます。

ある数を素因数分解する方法は、ひと通りしかありません。たとえば、$18 = 2 \cdot 3^2$ となります。ここでもし1を素数の仲間に入れてしまうと、素因数分解の仕方が $18 = 2 \cdot 3^2 = 1 \cdot 2 \cdot 3^2$ となり、ひと通りでなくなってしまいます。そのため、1は素数の仲間から外すのです。

また、この事実はちょっと視点を変えると、「どんな自然数でも必ずある素数で割り切れる」ということを表します。

素数は無限にたくさんあります。ユークリッドの原案によるその証明は、エレガントな証明の代表作の一つです。上の図4に紹介しました。

素数という「おもしろい数」の性質とこの見事な証明を、人はいまから２０００年以上

も前に知っていたのです。これは、人と数との付き合いの長い歴史を感じさせると同時に、数そのものへの興味がとても長いものだということを教えてくれます。

(2) 双子素数

素数は無限にたくさんありますが、その間隔はだんだん開いていきます。ところが素数の中には、2だけの違いで隣り合っているものがあります。たとえば3と5などです。

こういう素数の組を、**双子素数**といいます。双子素数の中にはとても大きいものがあることがわかっています。たとえば、$3756801695685 \times 2^{666669} + 1$, $3756801695685 \times 2^{666669} - 1$ は双子素数であることがわかっています。これは20万桁以上の数です。

では、双子素数は無限にたくさんあるのでしょうか？　じつは、これはまだ未解決の難問です。

(3) ゴールドバッハ予想

素数に関する未解決の難問の一つが、**ゴールドバッハ予想**です。これは、「4以上のどんな偶数でも2つの素数の和になるだろう」という予想です。ちょっと試してみるとわかりますが、$4 = 2 + 2$、$6 = 3 + 3$、$8 = 3 + 5$、$10 = 3 + 7$, $12 = 5 + 7$……という具合で、たしかに成り立っています。

この問題も、内容はだれでも理解でき、見かけはやさしそうなのですが、じつは大変な難問です。いまではどんな偶数でも6個以下の素数の和で表せることまではわかっていますが、6個から2個への道のりは遠そうです。

(4) 完全数

完全数は、数学小説と映画で、一般の人にもとても身近な存在になりました。6の自分自身を除く約数は1、2、3で、これを全部たすと、「$6=1+2+3$」で6になります。このように、自分自身を除くすべての約数の和が自分自身になる数を、**完全数**といいます。6は最小の完全数です。次の完全数は28で、実際、28の約数は1、2、4、7、14ですから、$28=1+2+4+7+14$です。

いままでに知られている完全数はすべて偶数で、奇数の完全数は一つも見つかっていません。奇数の完全数があるかどうかも、未解決の難問です。

偶数の完全数については、いろいろなことがわかっています。$2^{n-1}(2^n-1)$ は、2^n-1 が素数なら完全数になることが知られていて、逆に偶数の完全数はこのような数しかありません。2^n-1 という形の素数を**メルセンヌ素数**といいます。

たとえば、$3=2^2-1$, $7=2^3-1$, $31=2^5-1$ ですから、3、7、31はメルセンヌ素数です。5や11はメルセンヌ素数ではありません。

31はメルセンヌ素数ですから、$496 = 2^4(2^5 - 1)$は完全数になります。これが28の次の完全数です。

もし、メルセンヌ素数が無限にたくさんあれば、完全数も無限にたくさんあることになりますが、残念なことにメルセンヌ素数が無限にあるかどうかはわかっていません。ですから、完全数が無限にたくさんあるかどうかは未解決です。

現在知られている最大のメルセンヌ素数は、$2^{57885161} - 1$で、2013年に発見されました。この数は1742万5170桁の数で、この結果、$2^{57885160}(2^{57885161} - 1)$が完全数であることがわかります。

(5)超越数

実数について説明したとき、分数にならない数、無理数が出てきました。無理数の例として$\sqrt{2}$や円周率πをあげましたが、じつはこの二つの無理数は大変に違っているのです。$\sqrt{2}$は整数を係数とした方程式$x^2 - 2 = 0$の解になっています。このように整数を係数とする方程式の答えとなる数を**代数的数**といい、とくにそれが無理数になるときは**代数的無理数**といいます。つまり、$\sqrt{2}$は代数的無理数です。

ところが、円周率πは整数を係数とするどんな方程式の答えにもならないことがわかっています。このような数を**超越数**といいます。

円周率は一番よく知られた超越数ですが、このほかに、自然対数の底$e=2.71828182845904\cdots\cdots$も超越数となることがわかっています。

しかし、超越数であることがわかっている数はそうたくさんはありません。有名な数をいくつかあげると、$2^{\sqrt{2}}$や$\sqrt{2}^{\sqrt{2}}$は超越数になります。e^{π}も超越数ですが、π^{e}や$\pi+e$は超越数かどうかはわかっていない！　これらはほぼ確実に超越数になるのでしょうが、その証明は大変に難しいと考えられています。

ほかに、自然数を順番に並べて小数にした0.123456789101112131415……が、超越数になることがわかっています。この数は**チャンパノウン数**といいます。

このように、超越数についての私たちの知識はとても断片的です。ところが19世紀の終わりから20世紀の初めにかけて、カントルという数学者によってつくられた**集合論**という数学を使うことにより、とても不思議なことが発見されました。

それは、「実数はそのほとんどすべてが超越数である」ということです。

代数的数も超越数もどちらも無限にたくさんあります。無限同士ですから比較することはできないように思えますが、一番初めに説明した「1対1対応の原理」を無限に当てはめることによって、二つの無限を比べることが可能になり、それを使うと、代数的数の無限より超越数の無限のほうがそれこそ、「無限に」大きいということがわかったのです。

私たちが具体的に知っている超越数は、πやeなどしかありません。$\pi+e$でさえ超越数かどうか知らないのです。にもかかわらず、数はそのほとんどが超越数なのです。
いまさらながら、数の不思議さに目を見張る思いがするのは、私だけではないのではないでしょうか。

たし算

いままで、数一般について、そして、個性的な数についてお話ししてきました。
数は計算という技術と一緒になって、この世界を解明する大きな手段になります。数と計算とは車の両輪といってもいいでしょう。次に、この計算という技術について少し考えてみます。

計算の規則の中で、小学校以来一番親しんできたのはたし算でしょう。２＋３＝５となることはだれでも知っていますが、この簡単な計算の中にもいろいろとおもしろい問題が隠れています。

私たちが日常的に経験するのは、具体的な数の計算です。７８０円と１２００円の買い物をすれば、支払いは１９８０円になります。これは数でいえば、780＋1200＝1980という計算です。

けれど、７８０ｍ歩いてお店に行き、１２００円の買い物をした、合わせていくつかという問いかけには意味がありません。合わせて１９８０？　たしかに、この二つの数を「数として」たすことはでき、もちろん $780+1200=1980$ です。

しかし、世の中にはたせる量とたしても意味のない量があります。この場合、歩いた距離と値段をたすことには意味がありません。たし算は、基本的には同種の量でなければたせないのです。

これは簡単なことですが、現実問題としては十分に頭に入れておく必要があります。実際にはたしても意味がないものをたして2で割って平均を出している、ということがないかどうか、もう一度身の回りを見渡してみるのもおもしろいと思います。

現実の量についてはこのように、たせるかどうかが大きな問題になりますが、数の計算の性質とその技術についてきちんと調べておくことは、実際の量の計算についてもとても大切なことです。次に、計算の規則について考えましょう。数のたし算にはいろいろな性質がありますが、大切なものは次の四つです。

①交換法則　$a+b=b+a$ が成り立つ。

②結合法則　$a+(b+c)=(a+b)+c$ が成り立つ。

③0の存在　すべての数 a について、$a+x=x+a=a$ となる数 x がある。

④反数の存在　それぞれの数 a について、$a+x=x+a=0$ となる数 x がある。

③の性質を持つ数xをゼロ、あるいはたし算の**単位元**といい、「0」と書きます。また、④の性質を持つ数xをaの**反数**といい、aに対して$-a$と書きます。

数をたすときは、この四つの規則をうまく使っているはずです。

交換法則が成り立つのはなぜでしょうか。一番わかりやすいのは、たし算が同じ量の合併を数値として表現しているからです。

3個のリンゴと2個のリンゴを一緒にすると、5個のリンゴになります。このとき、3個のリンゴが右でも、2個のリンゴが右でも一緒にすると5個になることに変わりはありません。これが、たし算で交換法則が成り立つことの最も原理的な説明です。

結合法則は、三つのお皿のリンゴを一緒にするのに、どのお皿から一緒にしても結果は同じだということです。

ちょっと注意しておきたいのは、この場合は、たす手続きは違っているということです。手続きが違っていても、たし算ではそのことは問題にしない。結果だけを見るのです。

0は空っぽのお皿です。このお皿に何個のリンゴをのせてもリンゴの数は変わりませんし、5個のリンゴがのったお皿と空っぽのお皿を合わせても、リンゴの数は変わりません。

このように、交換法則や結合法則、0の存在は、現実のたし算の性質を反映しています。

では、マイナスの数はどうでしょう。

あべこべのあべこべは？

数を個数と考えると、「−3個のリンゴ」は意味を持ちません。空のお皿より少ない！ということはないからです。マイナスの数は、前に説明したように、状況や状態を表すと考えます。リンゴが10個入る箱がある、この箱がいっぱいになっている状況を基準とすると、箱から3個のリンゴがなくなっているのが−3個です。

普通は、温度など基準がはっきりしているものがわかりやすく、−3度は、基準となる、水が凍る温度より3度低いということです。

さて、負数の計算で一番疑問に思うことは、「マイナス×マイナスはプラス」ということです。「借金に借金をかけてどうして財産になるんだ！」というクレームが、ピントはずれだということはすでに説明しました。財産に財産をかけても別に財産になるわけではありません。お金にお金をかけることには意味がない、だからこの意見は最初から少しおかしいのです。じつは、この性質はすでに反数という概念の中に潜んでいます。

反数とはどういう数だったかというと、たすと0となる二つの数です。これらをお互いに他の反数というのでした。だから、2の反数は−2で、−7の反数は7です。

0だけは少し特別で、0自身が0の反数です。これはちょうど物理学でいう反粒子のようなものと考えるとわかりやすいと思います。

つまり、陽子と反陽子が一緒になると、一瞬のうちに消滅して０になるというわけです。電子と陽電子も同じです。

いま、$-a$をマイナスの数（aは普通の数）とし、その反数をxとしましょう。反数の定義から$(-a)+x=0$です。一方、aの反数の定義から、$(-a)+a=0$です。これはaが$-a$の反数であることを示しています。したがって、$x=a$ですが、xは$-a$の反数ですから$x=-(-a)$です。

つまり$-(-a)=a$となり、あべこべのあべこべはもとに戻るということになります。これが反数という視点で眺めた「マイナス×マイナスはプラス」ということの原点です。

ひっくり返したものをもう一度ひっくり返せばもとに戻る、これは考えてみれば当たり前のことです。虚数の説明をしたとき、-1をかけることが数直線の１８０度の反転になることを見ました。反数による「マイナス×マイナスはプラス」の説明は、これをもう一度見直したものにほかなりません。ここでは、反数$-a$がaについて一つに決まることを使いました。これは四則演算のところで証明します。

かけ算

次にかけ算について考えましょう。じつはかけ算とたし算とでは、計算の意味としては本質的に違っているところがあります。たし算で説明したように、10 kg と 3 m をたして13としても意味がありません。

ところが、かけ算の場合は、この二つをかけて 30kg・m とすることに意味をつけることができます。これは、10 kg のものを 3 m 動かしたときの仕事の大きさ（仕事量）を表すと考えるのです。

このように、たし算が同種の量の演算だったのに対して、かけ算は異種の量をかけることによって、新しい量をつくりだす力があります。

これがたし算とかけ算の一番大きな違いです。

たしかに、数の計算の手続き上の問題としては、かけ算をたし算の繰り返しの省略と見ることができます。つまり、$5+5+5+5=5\times4$ のように、n を m 回たすことを $n\times m$ と書き、これを**累加**《るいか》と呼ぶ、というのは、かけ算の最初の話としてはわかりやすいのですが、それだけではかけ算の意味をすべて説明することは難しい。

むしろ、累加はかけ算を計算するための一つの方法だと考えたほうがいいと思います。累加では、小数や分数のかけ算の意味を考えることができません。

では、数値の計算としては、かけ算はどのような性質を持っているでしょうか。数のかけ算にはいろいろな性質がありますが、大切なものは次の四つです。

①**交換法則**　$a\times b=b\times a$ が成り立つ。
②**結合法則**　$a\times(b\times c)=(a\times b)\times c$ が成り立つ。
③**1の存在**　すべての数 a について、$a\times x=x\times a=a$ となる数 x がある。
④**逆数の存在**　それぞれの数 a について、$a\times x=x\times a=1$ となる数 x がある。

③の性質を持つ数 x を、かけ算の**単位元**といい、1と書きます。また、④の性質を持つ数 x を a の**逆数**といい、a に対して $\frac{1}{a}$ と書きます。
こうして列挙してみると、計算としては、たし算とかけ算が同じような性質を持つことがよくわかります。最後に、たし算とかけ算の相互関係として、

⑤**分配法則**　$a\times(b+c)=a\times b+a\times c$ が成り立つ。

があります。この分配法則を使うと、前に出てきた累加というかけ算の一つの意味は、次のようになります。

$$n\times m=n\times(1+1+\cdots+1)$$
$$=n+n+\cdots+n$$

$$
\begin{array}{r}
27 \\
\times 15 \\
\hline
135 \\
27 \\
\hline
405
\end{array}
$$

■図5

$$
\begin{aligned}
27 \times 15 &= (20 + 7) \times (10 + 5) \\
&= (20 + 7) \times 10 + (20 + 7) \times 5 \\
&= 20 \times 10 + 7 \times 10 + 20 \times 5 + 7 \times 5 \\
&= 200 + 70 + 100 + 35 \\
&= 270 + 135 \\
&= 405
\end{aligned}
$$

■図6

私たちは、この4＋4＋1個の性質を駆使して数の計算を行っています。

ただし、ごく普通の人は、それを意識せずに計算しているのです。試しに27×15＝405を、小学生がどのように計算しているのかを、もう一度振り返ってみましょう。

小学生は、この計算を「積み算」として、図5のように筆算で計算しています。

実際、慣れてしまえば何気なく（いま風には何気に！）使っているいわゆる「縦計算」ですが、これの中味をくわしく書けば、図6のようになります。

この計算の中に、たし算、かけ算の交換、結合、分配法則が使われているのがわかります。小学生が行う縦計算は、この計算をそれと意識することなしに、形式的に行うための大変な技術だったのです。

四則演算

実数という数のシステムの中では、このように2種類の計算、たし算とかけ算ができ、反数と逆数を使うと、その逆計算であるひき算とわり算が（0で割ることを除いて）、自由にできます。

このように四則が自由にできる数のシステムを、「体」と呼ぶことはすでに紹介しました。いままでの数のシステムの中では、有理数と実数、それに複素数がこれに当たり、それぞれ**有理数体**、**実数体**、**複素数体**といいます。

実際、体の中で成り立つ数の計算規則はすべて、前に調べた、たし算とかけ算についてのそれぞれ四つの計算規則と、たし算とかけ算の相互関係である分配法則からすべて導くことができます。

試みに、もう一度「マイナス×マイナスはプラス」となることの形式的な説明をしましょう。数学における論理とはどのようなものなのか、がこの説明の中に現れています。

では、図7を見てください。この証明で、0が一つしかないことがわかります。続けて、図8で、反数は各aについて一つしかないことがわかります。

以前に、-1をかけることは、数直線の１８０度の回転になることを見ましたが、図9から図11までの結果は、その事実を形式的に確認したことになります。

[定理]　体では0は一つしかない
[証明]

0のほかに、もう一つたし算の単位元$0'$があったとする。0、$0'$の性質から

$$0 = 0 + 0'$$
$$= 0'$$

証明終

■図7

[定理]　体では反数$-a$はそれぞれのaについて一つしかない
[証明]

$-a$のほかに、もう一つaの反数xがあったとする。よって

$$x + a = 0$$

である。両辺にaの反数$-a$をたすと、

$$(x + a) + (-a) = 0 + (-a)$$
$$= -a$$

一方、左辺は

$$(x + a) + (-a) = x + (a + (-a))$$
$$= x + 0$$
$$= x$$

よって、$x = -a$である。

証明終

■図8

[定理]　すべてのaについて$a \times 0 = 0$である

[証明]

$$a \times 0 = a \times (0+0) \\ = (a \times 0) + (a \times 0)$$

ここで両辺に$a \times 0$の反数xをたせば、

$$0 = a \times 0 + x \\ = ((a \times 0) + (a \times 0)) + x \\ = (a \times 0) + ((a \times 0) + x) \\ = (a \times 0) + 0 \\ = a \times 0$$

証明終

■図9

[定理]　$(-1) \times a = -a$すなわち、aの反数はaと-1の積である

[証明]

$$(-1) \times a + a = (-1) \times a + 1 \times a \\ = ((-1) + 1) \times a \\ = 0 \times a \\ = 0$$

ここで、反数は一つしかないから$(-1) \times a = -a$である。

証明終

■図10

[定理]　$(-1) \times (-1) = 1$

[証明]

$$
\begin{aligned}
(-1) \times (-1) + (-1) &= (-1) \times (-1) + (-1) \times 1 \\
&= (-1) \times ((-1) + 1) \\
&= (-1) \times 0 \\
&= 0
\end{aligned}
$$

したがって、$(-1) \times (-1)$は-1の反数であるから、

$$(-1) \times (-1) = 1$$

である。

証明終

■図11

[定理]　$(-a) \times (-b) = a \times b$である。特にマイナスの数同士の積はプラスになる

[証明]

$$
\begin{aligned}
(-a) \times (-b) &= ((-1) \times a) \times ((-1) \times b) \\
&= ((-1) \times (-1)) \times (a \times b) \\
&= 1 \times a \times b \\
&= a \times b
\end{aligned}
$$

証明終

■図12

図11までで、「マイナス×マイナスがプラス」となることを、形式的に証明する準備が整いました。そして、いよいよ図12が「マイナス×マイナスがプラス」である証明です。

このように、体という数のシステムの中では、たし算、かけ算の性質から、数計算の規則を順番に証明することができます。

それは計算の意味とは少し違っていますが、たとえば、マイナス×マイナスがプラスになることを納得する一つの手段です。

しかし、いままで見てきたように、数は量を比較し、その大きさを比べるために考え出されました。

ですから、数計算の規則の意味は、量の操作の中に潜んでいます。量操作の性質と同時に、形式的な説明を理解することで、計算の規則は納得できるのです。

ところで、いままで考えてきた数のシステムを、最初から公理として構成することができるでしょうか。最後にそれを考えてみたいと思います。

ペアノの公理

数とは何か、それは量の大きさを表現する手段として考え出され、次第次第に進化して、量の大きさと同時に状態を表し、操作そのものを表すようになりました。

その過程で、「数える」ことから「測る」ことへ発展し、特定の単位では測りきれない量としての無理量（無理数）も発見されました。

では、このような量から全く離れ、抽象的かつ形式的に数をつくることができるだろうか——こうして、20世紀の初めに、公理的に数を組み立てることが考えられたのです。

数の公理は、それを研究した数学者の名前をとって**ペアノの公理**といいます。

［ペアノの公理］

集合Nが、次の五つの公理を満たすとき、Nを自然数という。

公理１　Nには特別な元（要素）１がある。

公理２　関数$S(x)$：$N \to N$が存在する。

公理３　$S(x) = S(y)$　なら、$x = y$　である。

公理４　$S(x) = 1$　となる　x　は存在しない。

公理５　Nの部分集合Mが、

①　$1 \in M$

②　$x \in M$ なら$S(x) \in M$

を満たすなら、$M = N$である。

最後の公理5を、**帰納法公理**といいます。これは本質的に、公理1から公理4を満たす集合は自然数しかないという内容で、その意味で**排他公理**とも呼ばれます。

いままで考えてきた実数のたし算、かけ算などの演算や、無理数などは、この五つの公理から順番に組み立てることができます。自然数から始まって、（正の）分数、0と有理数、そして実数までを順番に構成し、それらの性質を証明することができるのです。

私たちは、自然数のたし算が、交換法則「$a+b=b+a$」を満たすことを、量の合併の交換可能性として理解してきました。

その場合は、交換法則はいわば「自然の法則」であって、証明されるべきことではなく、理解されるべきことでした。

この理解は間違っているわけではなく、小学校から始まる数学の勉強は、数の計算が持っている性質を自然のこととして理解していく、という立場で展開されます。

しかし、このペアノの公理を出発点とすると、交換法則は証明できる定理として姿を現します。$1+2=2+1$は、どちらも3になるから等しいのではなく、そうなることが証明でき、その結果を3と書くという定理になります。

ペアノの公理によって、順に数を構成していく作業は、極端に難しい数学というわけではありません。ただ、論理的に一歩一歩根気よく進んでいくことが必要です。本書ではこの展開を詳述することはしません。興味のある方は拙著『数をつくる旅5日間』（遊星社）

をご覧ください。一つだけ、ペアノの数論が、量ではなく順序の概念に基づいていることを紹介しておきます。

ペアノの公理2に出てくる関数$S(x):\mathbf{N}\to\mathbf{N}$は、自然数$x$の次の自然数を指定する関数で、ペアノの公理は結局、「自然数とは1から出発し、順番に次の自然数が指定できるシステムである」といっていることになるのです。

以上で、数の発展とその計算についてのひと通りの説明を終わります。

それにしても、数とは不思議なものだと思います。

私たちは数を理解したつもりになっていますが、数がそのすべての姿を私たちに見せてくれるときは、結局はこないのかもしれませんね。

第2章

文字と方程式

文字の使用

日本では、小学校の算数が、中学校では数学と名前を変えます。出世魚みたいですが、そのために急に難しくなったと感じる生徒も多いようです。

しかし、算数と数学が本質的に違うわけではありません。

算数とは、小学校で学ぶ数学のことです。どんな学問でもだんだんと難しくなるのは当たり前で、算数が数学と名前を変えた途端に学問としての性格を変えてしまったわけではないのです。

たとえば、「証明」という言葉は中学校で初めて出てきますが、小学校で証明がないわけではありません。

「長さが90ｍで時速108km で走っている電車があります。この電車が鉄橋に入ってから通り過ぎるのに7秒かかりました。この鉄橋の長さは何ｍですか」（『たのしい算数6年上』大日本図書）

答え　120ｍ

これは、小学校算数の難しい問題（といっても教科書の問題です）の一つですが、この答え１２０ｍが正しいことをほかの人に説明するにはどうしたらいいでしょう。

答えが１２０ｍであることの説明の方法は、結局、この問題を解き、その解き方が正しいことを説明するということです。それはまさしく数学でいう証明にほかなりません。

この問題を、「この鉄橋の長さが１２０ｍであることを証明しなさい」と直してみれば、すぐにわかります。

証明という言葉が出てくるかどうかにかかわらず、数学は小学校時代から証明を扱っているのです。数学では、説明できることを説明なしにすませてはいけない、というのが基本的態度なのです。

ただ、数学はその性格上、かなり急速に抽象度を増していきます。小学校で学ぶ分数でさえ、小学校のほかの分野に比べて、かなり抽象性が高いといわなければなりません。数のところでも説明したように、分数は子どもたちの身の回りでは具体的な量となって姿を見せますが、最終的には概念としての分数を理解する必要があります。

ところで、この問題を解こうとするなら、中学生なら、普通は橋の長さをxとして方程式を立てるでしょう。

一応、方程式を立ててみると、橋の長さをx mとすると、電車が鉄橋を抜けるまでに走る距離は$x+90$で、これを走るのに7秒かかる。この電車の秒速は、$108000 \div 3600 = 30$で秒速30 mだから、次の方程式、$x + 90 = 30 \times 7$が成り立つ。この方程式を解けば、$x =$

120(m)となる。

この問題で難しいのは、電車が走る距離が鉄橋の長さだけでなく、それに電車の長さをたした距離だということです。これさえつかめれば、時速を秒速に直せば問題が解けます。

算数の問題としての難しさは、走る距離の中にわからない量が出てくるところにあります。もしこれが、

「長さが90mで時速108kmで走っている電車があります。この電車が長さが120mの鉄橋に入ってから通り過ぎるのに何秒かかるでしょうか」

という問題なら、これも難しい問題ではありますが、走る距離が電車と鉄橋の長さをたした210mであることさえ気がつけば、あとは時速を秒速に直して、秒速30mですから、210÷30＝7で7秒という答えが求まります。

ここに、算数と数学の難しさの違いの一つがあります。

普通、算数では文字を使いませんが(使ってはいけないという指導は間違っていると私は考えていますが、それはここでは論じないことにします)、文字を使うことで数学は急速に自由になっていきます。ここでの文字は、わからないものをxとおくという使い方でした。もう一つ別の例をあげましょう。

第1章で、計算の交換法則を調べました。たし算についていうなら、数のたし算は $a + b = b + a$ を満たすということでした。

これは、たし算について成り立つ「法則」です。これを、$1 + 2 = 2 + 1$ とか $103 + 18 = 18 + 103$ などの例をいくつあげても法則にならないことは明らかです。法則というためには、例示という方法で、「のように」という言葉を補い、「$2 + 3 = 3 + 2$ のように、二つの数のたし算はたす順序を交換しても同じです」、という必要があります。

これを文字を使えば、「数のたし算では、$a + b = b + a$ が成り立つ」ということができます。こうして、文字を使うことで、算数では例として説明するほかなかった事柄を、数学では法則として記述できるようになったのです。

数学における文字の使用には、いくつかのパターンがあります。

①**一般定数**としての文字……交換法則の記述のように、数一般などを表す
②**変数**としての文字……変化する数値を表す
③**未知数**としての文字……特定の数ではあるが、いくつであるかわからないものを表す

この三つが代表的なものです。変数としての文字については、第3章「変化の法則と関数」で扱います。ここでは未知数としての文字の機能を、少しくわしく調べていきましょう。

方程式

電車と鉄橋の問題は、長さがわからない鉄橋のために難しい問題になっていました。つまり、「速さ×時間＝距離」という式では、速さと時間がわかればごく自然に距離を出すことができるのに、この問題では逆の思考が必要になるからです。

「代数とはずるい数学だ」という言葉があるそうです。

つまり、わかっていないのにわかっているふりをして、xとおいてしまう、ということでしょう。昔から算数の難問の例としてあげられる「鶴亀算」があります。

「鶴と亀、合わせて32匹、足の数は88本、鶴と亀はそれぞれ何匹か？」

という問題です。この問題は有名なので、多くの人がその解き方を知っていると思います。文字を使わずに解くときは、次のような解法が典型的です。

「32匹がすべて鶴だとしてみよう。すると、足の数は全部で32×2＝64で64本になるはずだ。しかし、いまは足の数は88本で24本多い。

どうしてかというと、何匹かは亀だからだ。

鶴1匹が亀1匹になると足は2本増える。

足は24本増えなければならないから、亀に置き換わる鶴は12匹、したがって亀は12匹で鶴は20匹」

この解法で難しいのは、「すべてを鶴だとしてみよう」という発想です。

しかし、この問題を文字を使って解けば、次のようになります。

「鶴がx匹だとする。したがって亀は$32-x$匹だ。すると足の数は、$2x+4(32-x)=88$」

この式を約束にしたがって変形すると図13となり、問題の意味をそのまま式に表せば解くことができます。ただしこの問題は、鶴x匹、亀y匹として、図14のように、**連立方程**

$$
\begin{aligned}
2x+4(32-x)&=88\\
2x+128-4x&=88\\
-2x&=-40\\
x&=20
\end{aligned}
$$

■図13

$$
\begin{cases}
x+y=32\\
2x+4y=88
\end{cases}
$$

■図14

式で表すほうが自然です。

このように、等号「＝」で結ばれた式を**等式**といいます。

等式は基本的に二通りあります。一つは法則を表す式で、前に出てきた$a+b=b+a$はそのような式の例です。ほかには、$(a+b)^2=a^2+2ab+b^2$などもそうです。

これらの式は、a、bがどんな値であってもつねに成り立ち、先の式はたし算の交換法則を、次の式は2乗の展開規則を表しています。

このように、等式の中に含まれる文字の値が何であっても成り立つ式を、**恒等式**といいます。一方、鶴亀算の解法の中に出てきた等式「$2x+4(32-x)=88$」は、特定のxの値についてしか成り立ちません。このような等式を**方程式**といい、中に出てくる特定の未知の量を表す文字xを**未知数**といいます。

「方程」とはおもしろい言葉ですが、これは中国から渡ってきた言葉で、古代中国の有名な数学書**「九章算術」**（この書物は紀元前一〇〇年ごろの本です！）に出てきます。「方」は正方形、「程」は割り当てるという意味で、九章算術では現在の3元連立方程式にあたる内容を扱っているようです（参考文献『はじめて読む　数学の歴史』上垣渉、ベレ出版）。このように、方程式は大変に古い歴史を持っています。

ところで、方程式は必ず答えを持っているのでしょうか？　これは大変に難しく、長い間方程式の基本となる問題でした。その歴史を振り返りながら、方程式の答えについて考えていきましょう。

1次方程式

未知数xのn乗を含んだ方程式を、**n次方程式**といいます。ですから、n次方程式の一般形は、まとめた形で書けば、$a_n x^n + a_{n-1} x^{n-1} + \cdots + a_1 x + a_0 = 0 \ (a_n \neq 0)$となります。

とくに**1次方程式**は、$ax + b = 0$が**一般形（標準形）**です。

この形だけを見ると、1次方程式はなんと簡単なのだろうと思えます。実際に簡単なので、1次方程式の場合は$a \neq 0$という条件をつけないで解くのが普通です（図15）。

$a \neq 0$のときの解$x = -\dfrac{b}{a}$は、1次方程式の「解の公式」ですが、これはあまりにも簡

1次方程式の解法

(1)　$a \neq 0$のとき

$$ax + b = 0$$
$$ax = -b$$
$$x = -\frac{b}{a}$$

(2)　$a = 0$のとき

$b \neq 0$なら不能（答えがない）

$b = 0$なら不定（答えが決まらない）

■図15

単な式なので、普通は解の公式とは呼ばないようです。

実際、1次方程式の問題を解くときは、問題の意味にしたがって、1次方程式を整理されない形でつくることが難しい場合のほうが圧倒的に多いと思います。

例として、有名な問題を紹介しましょう。

問題

ディオファントスは、その生涯の$\frac{1}{6}$を少年、$\frac{1}{12}$を青年、$\frac{1}{7}$を独身者として過ごした。彼が結婚してから5年で子どもが生まれた。この子どもは父より4年前に父の年の半分でこの世を去った。

これは、有名な数学者ディオファントス（246?-330?）の墓碑銘です。（『初等数学史』カジョリ、共立出版）。

では、ディオファントスは何歳で亡くなったのでしょうか。

問題の意味はよくわかりますが、実際に解こうとすると結構考えなければなりません。

解

ディオファントスの歳をxとする。彼の生涯をそのまま年譜にすると、少年時代は$\left(\frac{1}{6}\right)x$、青年時代は$\left(\frac{1}{12}\right)x$、独身時代は$\left(\frac{1}{7}\right)x$、結婚して5年目に子どもができたが、その子どもは$\frac{x}{2}$歳まで生き、ディオファントスはさらに4年生きて亡くなった。

したがって、彼の年譜は、

$$\frac{1}{6}x+\frac{1}{12}x+\frac{1}{7}x+5+\frac{x}{2}+4=x$$

となります。これを整理すると、$\frac{3}{28}x-9=0$、これがこの方程式の標準形です。

これを解いて（あるいは解の公式に代入して！）、$x=84$となります。当時の人としてはずいぶん長生きをした人ですね。

このように、1次方程式の場合は、方程式をつくるのが難しいことが多いのです。

2次方程式

では、次に2次方程式について考えましょう。2次方程式の解の公式は、中学校で学ぶ数学の中で最も興味深いものの一つで、一般形は、$ax^2+bx+c=0\ (a \neq 0)$です。

2次方程式は、そのままではなかなか解くことができません。この方程式がいまから4000年近くも前にバビロニアで解かれていたという事実は、人の文化の厚みを感じさせる事柄です。

2次方程式は、普通は、**平方完成**という技術を使って解の公式が求まります。では、平方完成とは、どんな技術でしょうか。最初にそれを考えます。

2次方程式は、どう変形したら解けるでしょう。手がかりになるのは数のところで考えた平方根です。2乗してaとなる数をxとすれば、$x^2=a$で、これを平方根という記号を使って、$x=\pm\sqrt{a}$と書いたのでした。

ここでちょっと注意してください。平方根という記号は不思議なもので、$\sqrt{2}$と書かれると、この数についてよくわかったような気がしますが、じつはこの記号は、「$\sqrt{2}$は2乗すると2になる正の数です」といっているわけですから、これが実際にいくつになるのかがわかったわけではないことに注意しましょう。

さて、平方完成に戻って、結局、与えられた方程式が$X^2=A$という形に変形できれば、平方根という記号を使って、X を $X = \pm\sqrt{A}$ と表すことができます。

このとき手がかりになるのが、$(a+b)^2 = a^2 + 2ab + b^2$ という公式です。これを逆に使って、方程式を２乗の式に直す技術が平方完成です。実際に計算してみると、図16というよく知られた**2次方程式の解の公式**が得られます。この公式は、１次方程式の「解の公式」

[2次方程式 $ax^2+bx+c=0$ の解の公式]

両辺を a で割り、

$$x^2 + \frac{b}{a}x + \frac{c}{a} = 0$$

としておく。

$$x^2 + \frac{b}{a}x + \frac{c}{a} = 0$$

$$x^2 + \frac{b}{a}x = -\frac{c}{a}$$

$$x^2 + \frac{b}{a}x + \left(\frac{b}{2a}\right)^2 = \left(\frac{b}{2a}\right)^2 - \frac{c}{a}$$

$$\left(x + \frac{b}{2a}\right)^2 = \frac{b^2 - 4ac}{4a^2}$$

$$x + \frac{b}{2a} = \pm\frac{\sqrt{b^2 - 4ac}}{2a}$$

したがって、

$$x = \frac{-b \pm \sqrt{b^2 - 4ac}}{2a}$$

■図16

とは違って、実際に活用できる公式です。

ところで、この公式では b^2-4ac の値が負になると、根号の中がマイナスになります。したがって、前章で調べたように、この場合、2次方程式の解は複素数になります。複素数の大切さはここからもわかります。私たちが複素数を知らなければ、2次方程式が解を持たない場合があるのです。

このように、$D=b^2-4ac$ は、2次方程式の解の様子を知るためのとても大切な式で、これを2次方程式の**判別式**といいます。

ところで、この公式は次のような視点からとらえ直すことができます。

方程式を解くということ――その1

私たちは、方程式を解くことをどういう視点から考えているのでしょうか。最も大切なことの一つは、実数においては「$ab=0$ なら、$a=0$ か $b=0$ である」ということです。実際、$ab=0$ で $b\neq0$ なら、b の逆数 $1/b$ がありますから、両辺に $1/b$ をかければ、図17となり、$a=0$ が得られます。これを数学では、「実数は**零因子を持たない**」といいます。

ですから、方程式は因数分解できれば解くことができます。このアイデアを2次方程式

$$a \times b = 0$$

$$(a \times b) \times \frac{1}{b} = 0 \times \frac{1}{b}$$

$$a \times \left(b \times \frac{1}{b}\right) = 0$$

$$a \times 1 = 0$$

$$a = 0$$

■図17

に当てはめてみましょう。

いま、2次方程式 $ax^2 + bx + c = 0$ の両辺をaで割って、これを、

$$x^2 + \frac{b}{a}x + \frac{c}{a} = 0$$

の形で表しておきます。この方程式の解をα、βとすると、この方程式は、

$$(x - \alpha)(x - \beta) = 0$$

と因数分解されるはずです。この式を展開すれば、

$$x^2 - (\alpha + \beta)x + \alpha\beta = 0$$

となりますから、もとの方程式と係数を比

較して、

$$\alpha+\beta=-\frac{b}{a},\ \alpha\beta=\frac{c}{a}$$

となります。これを**2次方程式の解と係数の関係**といいます。

この最初の式から、$\alpha-\beta$の値がわかれば、α、βを連立方程式として求めることができます。$\alpha-\beta$の値を求めることができないでしょうか？

対称式と交代式

$\alpha+\beta$、$\alpha\beta$という式を見ていると、こんなことに気がつきます。それは、これらの式で、α、βを入れ替えても式が変化しないということです。実際入れ替えると、$\beta+\alpha$、$\beta\alpha$となりますが、これはもちろんもとの式と同じです。

一方、$\alpha-\beta$という式は、αとβを入れ替えると$\beta-\alpha$となり、これはもとの式にマイナスをつけたもの（これを式の符号が変わるという）です。

このように、その式の二つの文字を入れ替えても変化しない式を**対称式**、符号が変わる式を**交代式**といいます。二つの文字α、βについての対称式で、基本となるのは$\alpha+\beta$、

$\alpha\beta$の二つで、すべての対称式はこの二つの式を使って表すことができます。その意味で、この二つの対称式を、**基本対称式**といいます。ここまでが準備です。

いま、交代式$\alpha-\beta$の2乗$(\alpha-\beta)^2$をつくると、これはもちろん対称式になります（マイナス×マイナスがプラスになることに注意しましょう！）。すなわち、この式は基本対称式を使って書くことができるはずです。実際に、$(\alpha-\beta)^2=(\alpha+\beta)^2-4\alpha\beta$となります。

ところが、この式の右辺は解と係数の関係を使って、もとの2次方程式の係数で表すことができ、

$$(\alpha-\beta)^2=\left(-\frac{b}{a}\right)^2-4\cdot\frac{c}{a}$$

$$=\frac{b^2-4ac}{a^2}$$

となります。ですから、＋を取れば、

$$\alpha-\beta=\frac{\sqrt{b^2-4ac}}{a}$$

が得られます。これで私たちは、最初の目標を達成できました。

つまり、2次方程式 $ax^2+bx+c=0$ を連立方程式、

$$\begin{cases}\alpha+\beta=-\dfrac{b}{a}\\[2mm] \alpha-\beta=\dfrac{\sqrt{b^2-4ac}}{a}\end{cases}$$

で表すことに成功したのです。この連立方程式を解くと、

$$\alpha=\frac{-b+\sqrt{b^2-4ac}}{2a}$$

$$\beta=\frac{-b-\sqrt{b^2-4ac}}{2a}$$

となって、たしかに同じ2次方程式の解の公式が得られます。

このように、方程式を解くということは、その方程式の解を係数で表すということにほかなりませんが、そのとき、解で表せる式がどのような性質（対称式とか交代式など）を持っているのかがとても大切になってくるのです。それはもう少しあとで調べましょう。

では、3次以上の方程式はどうなっているのでしょう。

高次方程式

歴史的に見ると、2次方程式はすでに触れたように、古代バビロニアの時代にすでに解かれていました。

ところが、3次以上の方程式になると、途端に難しくなりました。ペルシャの詩人数学者オマル・ハイヤーム（１０４８－１１２３。この人はルバイヤートという詩集で文学に名を残しました）は、3次方程式の解法を考えた数学者の一人です。

3次方程式をきちんと解いたのは、ニコロ・フォンタナ（１４９９?－１５５７）、別名タルタリアというイタリアの数学者で、16世紀のことでした。

しかし、この3次方程式の解の公式は、いろいろな事情があって、現在では「**カルダノの公式**」として知られています。

ジロラモ・カルダノ（１５０１－１５７６）は、波瀾万丈の生涯を送った数学者で、医師でもあったのですが、同時に、錬金術師、魔術師ともいわれています。

ですから、この場合は数学者ではなく数学師といったほうがいいのかもしれませんね。

この時代は、数学史が最もエキサイティングに動いたころの一つで、3次方程式の解の公式を巡るお話は波瀾万丈、手に汗握る数学講談の恰好の舞台なのですが、それは専門の数学史の本に譲ります。ぜひ、ご一読し、数学が時代と一緒に息づいている様子を見てください。では、そのカルダノの公式をご紹介します。

3次方程式のカルダノの公式

3次方程式の x^3 の係数は0ではないので、簡単にするため、3次方程式を、$x^3+bx^2+cx+d=0$ とする。$x=y-\frac{b}{3}$ とおいてもとの方程式に代入すると、y^2 の項を消去することができる。したがって、3次方程式は最初から $x^3+px+q=0$ という形をしていると考えても一般性を失わない。

この方程式を解くために、$x=u+v$ として方程式に代入すると、$(u+v)^3+p(u+v)+q=0$ となるが、これを展開、整理して、$u^3+v^3+(u+v)(3uv+p)+q=0$ となる。

さて、ここからが考えるところです。この解法を眺めていると、ちょっと不思議な感じがします。それは、いままでは未知数は x だけだったのに、これでは未知数が u、v と二つに増えています。

ごく常識的な考えでは、未知数が増えれば方程式は難しくなるはずではないでしょうか。2次方程式の解の公式を導いたときに、2次方程式を連立方程式に還元して解いた解法を思い出しましょう。

未知数を増やしても、それらの間にうまい関係を発見することができれば、連立方程式として解くことができる。これはちょっと逆説的な数学の思考方法の一つです。

ではいまの場合、u、vのうまい関係を見つけることができるでしょうか。

ここで、2次方程式の解についての考察が役に立ちます。いまu、vを$3uv+p=0$となるように選べたとします。すると、

$$\begin{cases} u^3+v^3+q=0 \\ 3uv+p=0 \end{cases}$$

という連立方程式（連立3次方程式）が得られますが、この式を見やすい形に整理すると、

$$\begin{cases} u^3+v^3=-q \\ uv=-\dfrac{p}{3} \end{cases}$$

となります。二番目の式を3乗して、

$$\begin{cases} u^3 + v^3 = -q \\ u^3v^3 = -\left(\dfrac{p}{3}\right)^3 \end{cases}$$

となり、2次方程式の解と係数の関係を思い出すと、これはu^3, v^3が2次方程式、

$$t^2 + qt - \left(\frac{p}{3}\right)^3 = 0$$

の解であることを示しています。これでu^3、v^3が求まりました。実際にこの方程式を解けば、

$$u^3 = \frac{-q + \sqrt{q^2 - 4\left(\dfrac{p}{3}\right)^3}}{2}$$

$$v^3 = \frac{-q - \sqrt{q^2 - 4\left(\dfrac{p}{3}\right)^3}}{2}$$

ですが、もう少しきれいにすると、

$$u^3 = -\frac{q}{2} + \sqrt{\left(\frac{q}{2}\right)^2 + \left(\frac{p}{3}\right)^3}$$

$$v^3 = -\frac{q}{2} - \sqrt{\left(\frac{q}{2}\right)^2 + \left(\frac{p}{3}\right)^3}$$

となり、両辺の3乗根をとれば、

$$u = \sqrt[3]{-\frac{q}{2} + \sqrt{\left(\frac{q}{2}\right)^2 + \left(\frac{p}{3}\right)^3}}$$

$$v = \sqrt[3]{-\frac{q}{2} - \sqrt{\left(\frac{q}{2}\right)^2 + \left(\frac{p}{3}\right)^3}}$$

となります。

したがって、3次方程式 $x^3 + px + q = 0$ の解は、

$$x = \sqrt[3]{-\frac{q}{2} + \sqrt{\left(\frac{q}{2}\right)^2 + \left(\frac{p}{3}\right)^3}} + \sqrt[3]{-\frac{q}{2} - \sqrt{\left(\frac{q}{2}\right)^2 + \left(\frac{p}{3}\right)^3}}$$

となります……?

少しおかしいでしょうか。3次方程式なのに解が一つしかありません。

じつは、1の立方根は、実数の範囲では1しかありませんが、方程式、$x^3=1$をきちんと解くと、

$$x^3-1=0$$

$$(x-1)(x^2+x+1)=0$$

となり、$x-1=0,\ x^2+x+1=0$が得られます。最初の式から$x=1$が、二番目の式からは、

$$x=\frac{-1\pm\sqrt{-3}}{2}=\frac{-1\pm\sqrt{3}\,i}{2}$$

という1の複素数の立方根が得られます。この解の一つを、

$$\omega=\frac{-1+\sqrt{3}\,i}{2}$$

で表します。するともう一つの解は、

$$\omega^2 = \frac{-1-\sqrt{3}\,i}{2}$$

となり、１は複素数も含めて三つの立方根１、ω、ω^2を持つのです。

これを考慮すると、一般にaの立方根は$\sqrt[3]{a}$, $\sqrt[3]{a}\,\omega$, $\sqrt[3]{a}\,\omega^2$と三つあることになり、先ほどの３次方程式の解は$3uv=-p$であることを考慮して、

$$x=\sqrt[3]{-\frac{q}{2}+\sqrt{\left(\frac{q}{2}\right)^2+\left(\frac{p}{3}\right)^3}}+\sqrt[3]{-\frac{q}{2}-\sqrt{\left(\frac{q}{2}\right)^2+\left(\frac{p}{3}\right)^3}}$$

$$x=\sqrt[3]{-\frac{q}{2}+\sqrt{\left(\frac{q}{2}\right)^2+\left(\frac{p}{3}\right)^3}}\,\omega+\sqrt[3]{-\frac{q}{2}-\sqrt{\left(\frac{q}{2}\right)^2+\left(\frac{p}{3}\right)^3}}\,\omega^2$$

$$x=\sqrt[3]{-\frac{q}{2}+\sqrt{\left(\frac{q}{2}\right)^2+\left(\frac{p}{3}\right)^3}}\,\omega^2+\sqrt[3]{-\frac{q}{2}-\sqrt{\left(\frac{q}{2}\right)^2+\left(\frac{p}{3}\right)^3}}\,\omega$$

と三つあるのです。

これでカルダノの公式の現代的な視点での解説は終わります。

ところで、2次方程式を解いたとき、それを連立方程式に変形して解くという解法を紹介しました。3次方程式でも同じことができないでしょうか。

もう一つの視点

3次方程式、$x^3+px+q=0$ の三つの解を α、β、γ とすると、この方程式は、$(x-\alpha)(x-\beta)(x-\gamma)=0$ と因数分解され、この式から解と係数の関係、

$$\alpha+\beta+\gamma=0\text{、}\ \alpha\beta+\beta\gamma+\gamma\alpha=p,\ \alpha\beta\gamma=-q$$

が得られます。最初の1次式 $\alpha+\beta+\gamma=0$ を使うことにして、あと二つ何かの式が得られないでしょうか。手がかりになるのは2次方程式の場合です。そこでは解と係数の関係から $\alpha+\beta$ の値がわかり、もう一つの式として $\alpha-\beta$ を使いました。

なぜひいたのだろうか？　これは難しい質問ですが、じつは -1 が1以外の1の平方根であることが本質的だったのです。つまり、この式は、$\alpha+(-1)\beta$ なのです。

そこで、この式をまねて（まねるということは数学でもとても大切なことです。ここに数学的経験の重要性の一つがあります）、1以外の1の立方根ω、ω^2を使って、$\alpha+\omega\beta+\omega^2\gamma$, $\alpha+\omega^2\beta+\omega\gamma$をつくります。

もしもこの式が、3次方程式の係数を使って、$\alpha+\omega\beta+\omega^2\gamma=A$, $\alpha+\omega^2\beta+\omega\gamma=B$と表せるなら、最初の式と合わせて連立方程式、

$$\begin{cases} \alpha+\beta+\gamma=0 \\ \alpha+\omega\beta+\omega^2\gamma=A \\ \alpha+\omega^2\beta+\omega\gamma=B \end{cases}$$

が得られます。

この連立方程式は、ωが1の立方根で$\omega^2+\omega+1=0$を満たしていることを使えば、容易に解くことができます。全部をたして$3\alpha=A+B$より、

$$\alpha=\frac{A}{3}+\frac{B}{3}$$

また、最初の式にω^2、二番目の式にωをかけてたせば、$3\omega^2\beta=\omega A+B$より、両辺に$\omega$

をかけて3で割って、

$$\beta = \frac{\omega^2 A}{3} + \frac{\omega B}{3}$$

同様に、

$$\gamma = \frac{\omega A}{3} + \frac{\omega^2 B}{3}$$

となります。

このA、Bは、実際に3次方程式の係数で表すことができます。

ここに出てきた、$\alpha + \omega\beta + \omega^2\gamma$、$\alpha + \omega^2\beta + \omega\gamma$ という不思議な式は、どんな式なのでしょうか。それはこの章の最後で説明しましょう。

さて、3次方程式までが解決されると、数学者の関心は4次方程式に移りました。4次方程式はどうやったら解けるのだろうか。この問題を解決したのはカルダノの弟子でもあったフェラーリ（1522－1565）です。

この天才美青年（といわれていますが、真偽のほどはわかりません）は、4次方程式の解法を発見しました。もちろん、それを公式に表すことは可能なのですが、あまりに複雑な式になるので、公式そのものはここでは書きません。解法を紹介しましょう。

4次方程式のフェラーリの解法

今度も、4次方程式を、$x^4+bx^3+cx^2+dx+e=0$ とします。3次方程式の場合と同様に、

$$x = y - \frac{b}{4}$$

とおいてもとの方程式に代入すると、y^3 の項を消去することができて、結局、4次方程式は、$x^4+px^2+qx+r=0$ の形になります。これを、$x^4=-px^2-qx-r$ としておきます。ここからが考えるところです。

じつは3次方程式に比べて、4次方程式のほうが少し考えやすい側面があります。それは、2次方程式の解法の経験がうまく使えるからでしょう。

この式の両辺に、2次式 $2tx^2+t^2$ をたして、両辺が完全平方式になるようにするのです。左辺は、$x^4+2tx^2+t^2=(x^2+t)^2$ ですから問題はありません。

右辺は、$-px^2-qx-r+2tx^2+t^2=(2t-p)x^2-qx+t^2-r$ ですが、これが完全平方式になるためには、判別式が0となればいいので、$q^2-4(2t-p)(t^2-r)=0$ となるよう

にtを選べばよいのですが、この式は整理すると、

$$8t^3 - 4pt^2 - 8rt + 4pr - q^2 = 0$$

となり、tの3次方程式となります。

これをカルダノの公式を使って解き、その解を$t = \alpha$とすれば、右辺は、

$$(2t - p)x^2 - qx + t^2 - r = \left(x - \frac{q}{2(2\alpha - p)}\right)^2$$

と因数分解され、結局もとの4次方程式は、

$$(x^2 + \alpha)^2 = \left(x - \frac{q}{2(2\alpha - p)}\right)^2$$

となって、4次方程式は二つの2次方程式、

$$x^2 + \alpha = \pm\left(x - \frac{q}{2(2\alpha - p)}\right)$$

を解くことに還元できるのです。

こうして4次までの方程式は、17世紀の終わりごろまでにはその解き方が発見され、次の目標は当然、5次方程式となりました。

しかし、5次方程式は格段に手強い相手だったのです。多くの数学者が5次方程式の解法に挑戦しましたが、残念ながらその解法は発見されませんでした。その中から一つの反省が生まれました。それを次に考えていきます。

方程式を解くということ――その2

方程式とは、前に説明したとおり、xのある特定の数値に対して成り立つ等式のことで、その数値（方程式の解）を求めることが、「方程式を解く」ことでした。ここには大きく分けて二つの問題が潜んでいます。

①どんな方程式にも解があるのだろうか。解のない方程式があるのではないか？
②方程式の解があるとして、その解は求まるのだろうか。

この問題設定は、普通の人には少し不思議に思えるかもしれません。解があれば求まるのは当然だろうし、解があるということは解が求まることではないのか？　という疑問です。ここは、数学という学問の最も特徴的なことの一つなので、少しくわしく説明します。

数学の定理の中には、**存在定理**といわれるものがあります。「条件を満たす何々がある」という形の定理です。条件を満たすものがあることを示すのに一番手っ取り早いのは、そのものを実際につくってみせることです。

たとえば、1次方程式 $ax+b=0$ に解があるか、といわれたら、「あります。それは $x=-\frac{b}{a}$ です」といえばいいのです。

これが本当に解になっているかどうかは、代入して計算してみればわかります。同じように、2次、3次、4次の方程式についても、その手段はどんどん複雑で難しくなっていきましたが、原理的には1次方程式と変わりません。

しかし、数学では、あることはたしかだがその求め方はわからない、あるいは求まらない、ということがあるのです。具体的な例をあげましょう。

①ワイエルシュトラスの定理

$a \leqq x \leqq b$ で連続な関数 $y=f(x)$ は必ず最大値と最小値を持つ

②**中間値の定理**

$a \leqq x \leqq b$で連続な関数$y=f(x)$が、$f(a)<0, f(b)>0$となっているなら、$f(c)=0$となるcがaとbの間に必ずある

③**原始関数の存在定理**

$a \leqq x \leqq b$で連続な関数$y=f(x)$は、この区間上で$F'(x)=f(x)$となる原始関数$F(x)$を持つ

④**不動点定理**

$f(x):I \to I$が閉区間$I=\{x : a \leqq x \leqq b\}$から自分自身への連続関数のとき、$f(x)=x$となる$x$が存在する。

いずれも条件を満たす何かがあることを主張していますが、ワイエルシュトラスの定理では、最大値の存在はいえても、具体的にどのxで関数が最大値をとるかはわかりません。中間値の定理でも同じことで、$f(x)=0$の解cがaとbの間にあることはいえますが、そのcが具体的にいくつなのかはわかりません。不動点定理も同じことです。

あるいは、原始関数の存在定理では、原始関数が存在することはわかるのですが、その関数を具体的に求めることは、たいがいの場合、不可能なのです。

もう一つ、円周率πやeが、代数方程式の解にならない超越数という数であることは第1章で紹介しました。

そこでお話ししたように、実数はほとんどすべてが超越数なのですが、どれが超越数なのかを具体的に指摘することはできないのです。

これも**集合論**という数学を駆使した究極の存在証明にほかなりません。

このように、存在することはわかるが、その求め方はわからない、という定理は、数学にはいくつもあります。これは数学という学問の性格の一面をよく表しているといってよいでしょう。

数学は、現実の量を扱う自然科学として出発しました。量の科学としての数学の重要性は、いまでも変わりません。

しかし、数学はその発展の過程の中で、質を問うことも扱うようになりました。方程式を具体的に解くことではなく、方程式が解けるとはどういうことかを扱うようになったのです。

存在定理の中で、最も大切なものの一つが次の定理です。

［定理］代数学の基本定理
複素数を係数とする任意の代数方程式、$a_nx^n + a_{n-1}x^{n-1} + \cdots + a_1x + a_0 = 0$ は、複素数の解を持つ

この定理を、**代数学の基本定理**といいます。最初に証明したのは、フランスの数学者ダランベール（1717-1783）ですが、残念ながら証明が不完全でした。完全な証明を与えたのは、ドイツの数学者ガウス（1777-1855）で、1799年ガウス22歳のことでした。

これは、ガウスの学位論文として有名ですが、現在の目から見ると、最初の証明には不完全なところがあったともいわれています。そのためか、ガウスはこの定理の証明を生涯にわたって何通りも考えています。

この定理の意味を考えるために、数の話にもう一度戻ってみましょう。

人が自然数しか知らなかったとき、方程式 $2x = 3$ は解を持ちませんでした。この方程式の解、$\frac{3}{2}$ は自然数ではないからです。係数はすべて自然数であることに注意してください。

同じように、正の数しか知らない人は、正の数を係数とする方程式 $\left(\frac{3}{2}\right)x + 4 = 0$ を解

くことができません。

こうして、数は方程式が解を持つかどうかというごく自然な視点の下で拡張されていきます。

そして、正負の有理数の範囲では、有理数を係数とする1次方程式がすべて解けるようになりました。

ところが、有理数の範囲内でも、有理数を係数とする方程式 $x^2-2=0$ を解くことができませんでした。

無理数の発見です。

この方程式の解 $\sqrt{2}$ が、分数では表すことができない無理数であることの証明は、日本では高等学校で学ぶ事実です。こうして、有理数に無理数を加えて、実数が発見されました。

しかし、実数まで数を拡張しても、方程式の解について完全ではありませんでした。

実数を係数とする最も簡単な2次方程式 $x^2+1=0$ でさえも、実数の範囲では解を持たないのです。

虚数と複素数の発見です。

このように、方程式が解を持つか持たないかということは、数の拡大の大きな動機の一つとなっていました。ですから、数が複素数まで拡張されたとき、複素数係数の方程式が、複素数の範囲で必ず解を持つかどうかはとても大きな問題だったのです。

もし、この範囲に解がないなら、数はもう一段階拡張される必要があったに違いありません。しかし、そうはなりませんでした。数の拡張は、少なくとも方程式の解という視点から見れば、複素数に至って一段落します。このことを、

「複素数は、**代数的に閉じている**あるいは**代数閉体**である」

といいます。これが代数学の基本定理の持つ意味です。

ところで、代数学と解析学を分かつ大きな違いの一つは、代数学が四則演算と累乗根を研究の対象とするのに対して、解析学は「極限をとるという操作を許す」ということです。もう少しかみ砕いて粗っぽくいえば、代数学では「連続」ということを問題にしないが、解析学では「連続」を問題とするということです。

この点で、「代数学の基本定理」は不思議な定理です。この定理の証明には、普通は連続の概念が欠かせないのです。

関数「$y=f(x)=a_nx^n+a_{n-1}x^{n-1}+\cdots+a_1x+a_0$」が連続になることが、代数学の基本定理にとっては重要なことでした。

その意味で、この基本定理は代数学と解析学、あるいは位相の概念の接点にある定理と

いってもいいでしょう。

本書では、この定理の厳密な証明は割愛します。ただ、どのように証明されるかのスケッチを一つ紹介しましょう。

代数学の基本定理の証明のスケッチ

この定理の証明は、たくさんあります。ガウスの最初の証明から始まって、関数論を使うものや、トポロジーの概念を使うものなどがあります。ここではなるべく難しい概念を使わない証明を紹介します。

存在定理の証明は、存在するものを具体的に構成することなしに、それがあることを示すのです。ですから、証明の手段は本質的に背理法になります。それが、「存在しない」と仮定して、矛盾を示すという方法です。

最初に、少し一般的な連続写像の性質を用意します。

①平面上の半径 r の円、$C_r = \{(x,\ y) \mid x^2 + y^2 \leqq r^2\}$ の中で、連続な実数値関数、$y = f(p),\ p \in C_r$ は、最大値と最小値を持つ。

この定理は、「閉区間上で連続な関数は、最大値と最小値を持つ」という有名な**ワイエルシュトラスの定理**の2次元版で、実際は、円板でなくても、コンパクトという性質を持つ集合の上の連続実数値関数について成り立ちます。ここでは、関数が連続であるということが本質的です。

②複素数を係数とするn次式、$y = f(x) = a_n x^n + a_{n-1} x^{n-1} + \cdots + a_1 x + a_0$について、複素数としての絶対値$y = |f(x)|$は最小値をとる。

どうしてかといえば、$|f(x)|$は$|x| \to \infty$とすれば、$|f(x)| \to \infty$となりますから、最小値は、ある半径の円C_rの中で考えれば十分です（この円の外側では$|f(x)|$は一定の値より大きくなる）。このとき、この円の中では、①によって$|f(x)|$は最小値をとります。したがって、$|f(x)|$は全体で最小値をとります。

③ここからが背理法です。

いま$f(x) = 0$となるxがないとしましょう。ですから$|f(x)| > 0$です。$|f(x)|$の最小値を$|f(x_0)|$とすれば、当然$|f(x_0)| = k \neq 0$です。全体をkで割っておけば、関数$y =$

$f(x)$ は $x = x_0$ で最小値1をとることになります。

たとえば、$x_0 = 0$ なら、$f(0) = 1$ で、これが $|f(x)|$ の最小値です。x_0 を原点に平行移動することでつねにこうなっていると考えてもかまいません。

ところが、$f(x)$ の連続性によって、$|f(x)|$ は0の近くでさらに小さい値をとることができ、$f(0) = 1$ が最小値であることに反します。

この計算はそれほど難しいものではありませんが、本書では割愛します。

さて、この代数学の基本定理によって、方程式が解を持つことだけはわかりました。しかし、この定理が「方程式が解ける」ことを保証しているわけではないのは、存在定理のところでお話ししたとおりです。

存在する解が具体的に求まるだろうか、ということが次の大問題になります。実際、4次方程式までは様々な技術を駆使することによって、解の公式を導くことができました。

この時点で、もう少し正確に方程式と方程式が解けるということを述べておきましょう。

複素数を係数とする、$a_nx^n + a_{n-1}x^{n-1} + \cdots + a_1x + a_0 = 0$ を、n 次の**代数方程式**といい、この方程式の解を係数の四則演算とべき根を使って表した式を、この方程式の**解の公式**といいます。

4次までの方程式の解の公式は、すべてこういう式になっています。解の公式を求めることを、方程式を**代数的に解く**といいます。この言葉を使えば、4次までの代数方程式は代数的に解くことができる、というわけです。

ここでもう一度、代数方程式に答えがあるということと、その答えを代数的に求めることができるということの違いを確認してください。

考えようとしているのは、５次方程式は代数的に解くことができるか、という問題です。

この大問題について多くの数学者が挑戦しましたが、解の公式を求めることができた数学者はいませんでした。

そしてついに、何人かの数学者は、「５次方程式の解の公式は求まらない、つまり、５次方程式は代数的に解くことができないのではないか」と考え始めたのでした。

しかし、ここにはいままでとはまったく質の違った難問題があります。

それは、「方程式が代数的に解けるとはどういうことなのだろうか」という問題です。

その方程式が代数的に解けるなら、それがどんなに難しい技術だろうと、人はそれを発見してきました。それは数学者の職人的な技術の誇りといってもいいかもしれません。

しかし、代数的に解けないということをいうには、たんに技術だけではない、技術を越えた、方程式を解くということの構造の分析がどうしても必要だったのです。

この問題を最初に解決したのは、ノルウェーの若き数学者アーベル（１８０２－１８２９）です。

さらにその結果を深化させ、「方程式が解けるとはどういうことか」に決定的な寄与をしたのが、フランスの天才ガロア（1811-1832）でした。この、決闘で21年の生涯を終えた数学者については、「神々の愛《め》でにし人は夭折《ようせつ》す」という言葉とともに、数学史に刻まれています。

　ガロアの創り出した理論は、今日「ガロア理論」という名で発展を遂げていますが、残念ながら本書での説明の範囲を超えてしまいます。興味がある方は、ぜひ専門の数学書に当たってください。ただ、ここでアーベル、ガロアたちが考えたことがどのようなことだったのかの概略をお話ししておきます。

　2次方程式の解を考えたとき、二つの解の入れ替えで変化しない式と、変化する式を考えました。対称式$\alpha+\beta$と交代式$\alpha-\beta$です。

　方程式の解の様子を考えるとき、解の入れ替えという操作がとても大切な役割を果たします。このように二つと限らず、いくつかの解を入れ替えることを解の**置換**といい、n個の解の置換全体を**n次置換群**、あるいは**n次対称群**といって、S_nで表します。

　n次方程式の場合、解はちょうどn個ありますから、解の置換に伴って出てくる群は**n次対称群**です。n個のものの並べ方（順列）は全部で$n!$個あり、S_nは$n!$個の要素を持っています。

　ある置換σとτを引き続き行うと、結果はまたある置換になります。これを置換のかけ算、積、と呼びます。

群とは、その中に入る要素の「かけ算」が計算できる構造をいいます。

置換群の場合は、置換を引き続いて行うことをかけ算として考えるわけです。

この置換群S_nがどういう性質を持つかが、n次方程式が代数的に解けるかどうかの鍵を握っていました。その性質を群の**可解性**といいます。

この言葉を使えば、S_2, S_3, S_4は可解群だが、S_5は可解群とならず、その結果、5次方程式は代数的に解けない、ということになるのです。

可解性ということをひと口で説明すると……、「とてもひと口では説明できない！」ということになるのですが、もう少し説明しましょう。

私たちは、小学校以来、「対称」ということを学んできました。小学校や中学校では、図形が**線対称**であるとか**点対称**であるとかが主でした。

図形が線対称とはどういうことでしょうか。それは図形がある直線を軸にして、１８０度折り返しても変化しないということです。たとえば、2等辺三角形は頂角の2等分線について線対称です。

また、点対称とは、ある点を中心として１８０度回転しても変化しないということです。

このように、対称とは、「ある操作で変化しない性質」ということができます。

たとえば、正三角形は、その中心について１２０度回転しても変化しません。ですから、正三角形は点対称ではないが、１２０度回転対称であるということができます。

方程式の解の入れ替えもある操作ですから、その操作で変化しない式があるなら、その式はその入れ替えについて対称であるといってもいいでしょう。

方程式の解の対称式は、解をどのように入れ替えても変化しませんから、対称式は対称群に対して対称（早口言葉みたいですが）です。

n次方程式の係数はすべて解の対称式になりますから、方程式の係数は対称群に対して対称性を持っているのです。

一方、二つの解を偶数回入れ替えるという操作に対して不変である式もあります。たとえば3次方程式 $x^3+px+q=0$ の三つの解α、β、γについて、$(\alpha-\beta)(\alpha-\gamma)(\beta-\gamma)$ は、二つの解を入れ替えるという操作を偶数回行っても変化しません。

つまり、この式は解の偶数回の入れ替えに対して対称性を持っているのです。

このように、方程式の係数で表される式がどんな解の入れ替えに対して不変になるかが、群の可解性ということの基本になっています。

では、3次方程式のもう一つの解のところで出てきた、$\alpha+\omega\beta+\omega^2\gamma$、$\alpha+\omega^2\beta+\omega\gamma$ はどうでしょう。

$\alpha\to\gamma$、$\beta\to\alpha$、$\gamma\to\beta$という解の入れ替えをすると、$f=\alpha+\omega\beta+\omega^2\gamma$ は $\gamma+\omega\alpha+\omega^2\beta=\omega f$ に変化します。$\omega^3=1$ に注意しましょう。

もう一度同じ入れ替えをすると、$\beta+\omega\gamma+\omega^2\alpha=\omega^2 f$ となり、さらにもう一度の入れ替えで、もとの式 $f=\alpha+\omega\beta+\omega^2\gamma$ に戻ってきます。

つまり、f は $\alpha\to\gamma$、$\beta\to\alpha$、$\gamma\to\beta$ という解の入れ替えを三度繰り返すという操作で変化せず、この操作に対して対称性を持っているのです。

群という数学的な構造に初めて着目したのが、ガロアでした。

このように、群の概念は、方程式の解全体のある種の対称性を分析する概念として、初めて数学に導入されました。しかし、群という構造それ自体が、数学の研究対象としてとても興味深いものです。

たとえば、置換群は有限個のものを並べ替える操作（置換）からできている群ですが、ほかに有限個のものからできている群があるだろうか？　あるいは、置換群では一般に、二つの操作を引き続いて行うとき、その順序を変えることができませんが、順序を変えることができる群はどうなっているだろうかなどです。

こうして研究が進み、いまでは群論は現代数学全体を支える最も大きな概念の一つとなっています。

このように、方程式を研究することは、数の発展と一緒になり、数学の大きな柱になっていました。そこから群論というとても大切な数学が生まれ、群論そのものが数学の大きな研究対象になりました。

数学のこのような分野を代数学といいます。

代数学は、最も素朴には、概念や関係を文字を使って表し、それらを研究する数学ですが、その大きな源は、中学生が学ぶ文字の使用にあったのです。

文字の使用は、小学校の数学と中学校の数学を分ける分水嶺の一つです。

第3章

変化の法則と関数

変化の法則

私たちの身の回りには、お互いに関係を持ちながら変化している量がたくさんあります。多くの自然現象は、時間の変化によってさまざまに変化していきます。斜面を転がる物体の速さや移動距離は時間によって変化しますし、沸かしたお湯がだんだん冷めていく変化も時間に伴っています。

これらの現象は、とりまく状況が一定ならば、いつでも同じように変化しています。それほどきっちりとはしていませんが、気温と桜の開花なども関係を持ちながら変化をしています。自動車のガソリン消費量と移動距離にも、だいたい一定の関係があるでしょう。

このように、お互いに関係を持ちながら変化する量を数学的に分析するために、**関数**という概念が考え出されました。

関数：変量xの値に対して、変量yの値が決まるとき、yはxの関数であるといい、これを$y = f(x)$で表す。

数学教育では、関数をよくブラックボックスにたとえます。ブラックボックスはもともと工学の概念で、中の仕掛けはわからないが（だからブラックボックスです）、ある入力を受けて、それに伴って、一定の規則のもとで出力を出す仕組みのことをいいます。

関数のことを英語でfunction（機能）といいますが、これはまさに「機能」のことなので、関数をブラックボックスとして考えるのは理にかなっているでしょう。$f(x)$のfはfunctionの頭文字をとっているのです。

このブラックボックスという視点で見ると、さらに多くの変換装置が身の回りに見つかります。自動販売機は、お金という入力を商品という出力に変えるブラックボックスとも考えられます。

考えてみると、私たちの身の回りにある品々は、たいていの場合ブラックボックスです。テレビは、電波という入力を画像という出力に変えるブラックボックスと考えることもできます。私たちはテレビの仕組みをきちんとは知らなくても（だからブラックボックス！）、テレビを見て楽しむことができます。

もっとも、こういったブラックボックス自体は、ある種の数学的な見立てともいうべきでしょう。つまり、テレビとは電波を画像に変える機械である、自動販売機はお金を商品に変える機械である、と考えることもできるという意味なので、ブラックボックスを関数として数学的にきちんと扱うためには、もう少し内容を整理しておく必要があります。

ここには、いくつか押さえておくべきポイントがあります。

①数学的な関数は、きちんとした規則を持ち、再現性がある。

たとえば、一日の気温は時間に伴って変化しますから、気温は時間の関数であるということもできますが、特定の一日の気温の変化は再現性を持たないので、これは数学的な関数のあまりいい例とはいえません。

再現性とは、同じ入力に対してはいつでも同じ出力が得られるということです。

②数学的なブラックボックスは、本来はその機能をきちんと扱える形で表すことができる。

たとえば、中学校以来学んできた1次関数や2次関数など、多項式で表される関数 $y = f(x) = a_n x^n + a_{n-1} x^{n-1} + \cdots + a_1 x + a_0$ は、入力 x を出力 y に変えますが、その仕組みは多項式としてきちんとした数式で表されています。

その意味では、この関数はブラックボックスではなく、ホワイトボックスとでもいうべきかもしれませんね。

「『選挙制度と政党制は数学的に関数関係にある』と議院内閣制の発達した西欧（ＥＵ諸国）ではいわれている」（「週刊金曜日」５９７号、30ページ）とありました。

選挙制度を決めると、それに伴って政党制が決まってしまうという意味でしょう。しかし、これも数学的に厳密な意味では関数とはいえません。同じ選挙制度のもとで、つねに同じ政党制となるわけではありません。けれど感覚としてはよくわかります。関数という言葉は、日常生活的にはこのように使われることもあります。

私たちは、これから関数を数学として扱おうとしています。一つの目標は、ブラックボックスとして与えられた関数の仕組みを解明することですが、そのためには、微分積分学という数学を必要とします。それは次の章で考えることにして、ここでは簡単な数式で表される関数から考えていきましょう。

1次関数

小学校で正比例（比例）を学びました。これは、伴って変わる最も簡単な関数の例ですが、その中にも関数の大切な考え方がきちんと現れています。まず最初に、正比例を小学校ではどのように学んだかを復習しておきましょう。

正比例：伴って変わる二つの量で、一方が2倍、3倍……と変化するとき、もう一方も2倍、3倍……と変化するとき、この二つの量は正比例するという。

2つの量をx、yとするとき

xa	1	2	3	4	…
y	3	6	9	12	…

■図18

たとえば、ものの個数と値段、一定の速さで走っている電車の走った時間と距離、正方形の一辺の長さと周囲の長さ、太さ一定の針金の長さと重さなどは正比例の例です。

ちょっと間違えやすいのですが、正方形の一辺の長さと面積の関係は、正比例ではありません。

正比例はよく上のような表で表すことがあります。この表から、xが2倍、3倍となると、それに伴ってyも2倍、3倍となっていくことがわかるというわけです。これを**正比例の表**といいます。

正比例の表は、変化の法則を表す表として見ることができますが、この表は、ある入力xに、どのような出力yが対応しているかを表すと見ることもできます。こう見たときは、同じ表を**対応の表**と呼ぶことにしましょう。

変化の表はいわば、この表を横に見ているのですが、対応の表は縦に見ていると考えることができます。

　すると対応関係は、xの値を3倍してyの値が得られていることになりますが、これは$y=3x$と表せます。同じことを、

$$\frac{y}{x}=3$$

と書いてみると、正比例とは、対応するx、yの値の比が一定となる関係である、ということができます。

　ここには、関数を考えるときに大切な二つの事柄が出てきます。

　一つは、「関数とは変化の法則を考えることである」ということで、いまの場合はxが2倍、3倍となればyの値も2倍、3倍となる、という関係ですが、もう一つは「変化の法則を考えるとき、その変化の中で変わらない性質は何だろうか」という視点にほかなりません。いまの場合は「対応する二つの量の比はつねに一定である」です。

　このように、変化の法則を考えるとき、逆にこの変化の中で不変に保たれているものは何だろうか、と考えるのはとても大切なことです。名探偵シャーロック・ホームズは推理の過程で、この事件の中で変わらなかったことは何だろうかと考えて、事件の真相に迫っ

たことが何度もあります。

この考えをさらに発展させて、数学では**不変量**というアイデアを考え出しました。

たとえば、図形を切って並べ替えると図形の形は変わってしまいます。しかし、どう並べ替えても面積は変化しません。

この場合は、図形の面積が、切って並べ替えるという変化（操作）の中での不変量になります。

あるいは、図形がやわらかいゴムでできていると考えて、グニャグニャと変化させると、図形はその形も面積も変えてしまいますが、こんなに自由な変形でも、不変に保たれている図形の性質があります。それは、図形のつながり方という主題なのですが、この考えはのちに、**トポロジー**という数学に成長しました。

さて、もう一度、正比例に戻りましょう。

正比例の表を対応の表と見ることによって、正比例とは、xとyの間に、

$$\frac{y}{x}=3$$

という関係がある関数だということがわかりました。一般に、対応する二つの量x、yの間に、

$$\frac{y}{x} = a$$

という関係があるとき、x、yは正比例するといい、aをこの正比例の**比例定数**といいます。この式の分母を払うと、$y = ax$が得られます。これが式で表した正比例です。

ここで、簡単なことですが、重要なことを二つ注意しておきましょう。

一つは、比例定数aは$x = 1$のときのyの値にほかならないということです。このような量を、**1あたり量**、あるいは**単位あたり量**といいます。

たとえば、時速60 kmで走る自動車がx時間に進む距離yは$y = 60x$で表されますが、この60 km／時が1あたり量、この場合は1時間あたり量すなわち時速で、この場合の比例定数です。

もう一つは、正比例では、$x = 0$のときは必ず$y = 0$となるということです。二つの量x、yが正比例するなら、それは必ず$x = y = 0$から出発します。

正比例関数をもう少し分析してみましょう。

$y = f(x) = ax$を正比例関数とします。xの値α、βと$\alpha + \beta$について、関数の値がどうなるかを調べます。

$$
\begin{aligned}
f(\alpha+\beta) &= a(\alpha+\beta) \\
&= a\alpha + a\beta \\
&= f(\alpha) + f(\beta)
\end{aligned}
$$

となり、$f(\alpha+\beta)$の値が、$f(\alpha)$と$f(\beta)$の和になることがわかりました。

正比例関数は最初から$f(k\alpha) = kf(\alpha)$という性質（これが小学校での正比例の定義です）を持っていますから、まとめて、正比例は、

$$
\begin{cases}
(1)\quad f(\alpha+\beta) = f(\alpha) + f(\beta) \\
(2)\quad f(k\alpha) = kf(\alpha)
\end{cases}
$$

という性質を持っていることがわかります。

一般に、この二つの性質を持つ関数を**線形写像**といいます。つまり、正比例関数とは、一番簡単な線形写像です。

線形性とは、「和を和に、定数倍を定数倍に移す」という性質をいいます。これは、数学が発見し扱ってきた最も大切な性質の一つです。

(1)の性質を、**重ね合わせの原理**といいます。正比例関数をブラックボックスと考えると、

[定理]　線形性を持つ関数は正比例関数である

[証明]

関数 $y=f(x)$ が(1)、(2)の性質を持つとする。このとき、

$$\begin{aligned} f(x) &= f(x \cdot 1) \\ &= xf(1) \\ &= f(1)x \end{aligned}$$

だから、定数 $f(1)$ を a とすれば、この関数は $y=ax$ となり正比例関数である。

証明終

■図19

このブラックボックスは、入力の和に対して和の出力を出すということです。

重ね合わせの原理が成り立つということは、正比例関数、もう少し一般的に線形性のとても大切な性質です。

一般の関数では、入力が2倍になっても出力が2倍になるとはかぎりませんが、正比例関数はそういう性質を持っているということです。

逆に、このような性質を持つ関数は、正比例関数しかないことも簡単に証明できます（図19）。

さて、この線形性を少し視点を変えてみたものが**1次関数**です。

一定量の水 b が入っている水槽に、さらに水道から時間あたり一定の量 a の水を入れていきます。水量はだんだん増えていきます。

このとき、水槽の水量yは、水を入れる時間xに正比例するでしょうか？

これは間違いやすいのですが、yはxに正比例しません。$x=0$のときに、水槽には最初の水bが入っているので、$y=0$にならないのです。これは、正比例のところで説明した大切な性質でした。

毎時間aずつ水が増えていきます（これが1あたり量です）から、この場合の水量yは、$y=ax+b$で表されます。bは最初の水の量を表す定数で、$x=0$のときのyの値です。

これを、**初期値**ということがあります。

また、1次関数では、残念ながら重ね合わせの原理が成り立ちません。これは試してみればすぐわかることで、実際、$y=f(x)=ax+b$のとき、

$$
\begin{aligned}
f(\alpha+\beta) &= a(\alpha+\beta)+b \\
&= a\alpha+a\beta+b \\
&\neq a\alpha+b+a\beta+b \\
&= f(\alpha)+f(\beta)
\end{aligned}
$$

です。というわけで、初期値が0でなければ、水槽の水量は時間に正比例はしないのですが……、いまの場合、私たちは何となく、「水の量は時間がたつにつれて、時間に比例

して増えていく」という感覚（これを本書では正比例感覚ということにします）を持っています。実際、多くの人が正比例の例としてこのような水槽の水をあげます。これは、ある意味ではとても自然なことなのです。

実際に、1次関数 $y=ax+b$ を、$y-b=ax$ と変形して、$y-b$ を新しい変数 Y に置き換えると、関数は $Y=ax$ となりますが、これは変量 $y-b$ が、時間 x に正比例しているということにほかなりません。

つまり、最初の水面を基準の0と考えれば、水の量はたしかに時間に正比例しています。

また、

$$y=a\left(x+\frac{b}{a}\right)$$

と変形して、$x+\frac{b}{a}$ を新しい変数 X に置き換えると、関数は $y=aX$ となりますが、これは変量 y が時間 $x+\frac{b}{a}$ に正比例しているということにほかなりません。

つまり、この場合は、出発時間を $-\frac{b}{a}$ までさかのぼらせると、水の量は時間に正比例していることになります。おそらく、人はごく自然にこのような置き換えを、それと意識せずに行い、そこに正比例関数を見つけているのでしょう。これが正比例感覚です。

1次関数はとても簡単な関数ですが、大切なのはこの「正比例感覚」だと思います。そこで、最後にこの正比例感覚の数学的な裏付けをしておきましょう。

$y = f(x) = ax + b$ を1次関数とします。x が h だけ変化して $x + h$ になったとき y の変化量 $f(x + h) - f(x)$ を考えます。

x の変化量 h を x の**増分**、y の変化量 $f(x + h) - f(x)$ を y の**増分**ともいいます。では、1次関数について、x の変化量と y の変化量の比がどうなっているのかを調べましょう。

$$\begin{aligned} f(x + h) - f(x) &= (a(x + h) + b) - (ax + b) \\ &= ax + ah + b - ax - b \\ &= ah \end{aligned}$$

ですから、変化量の比をとると、

$$\frac{f(x + h) - f(x)}{h} = \frac{ah}{h} = a$$

となります。つまり、1次関数では、変数そのものは正比例していないが、変数の変化

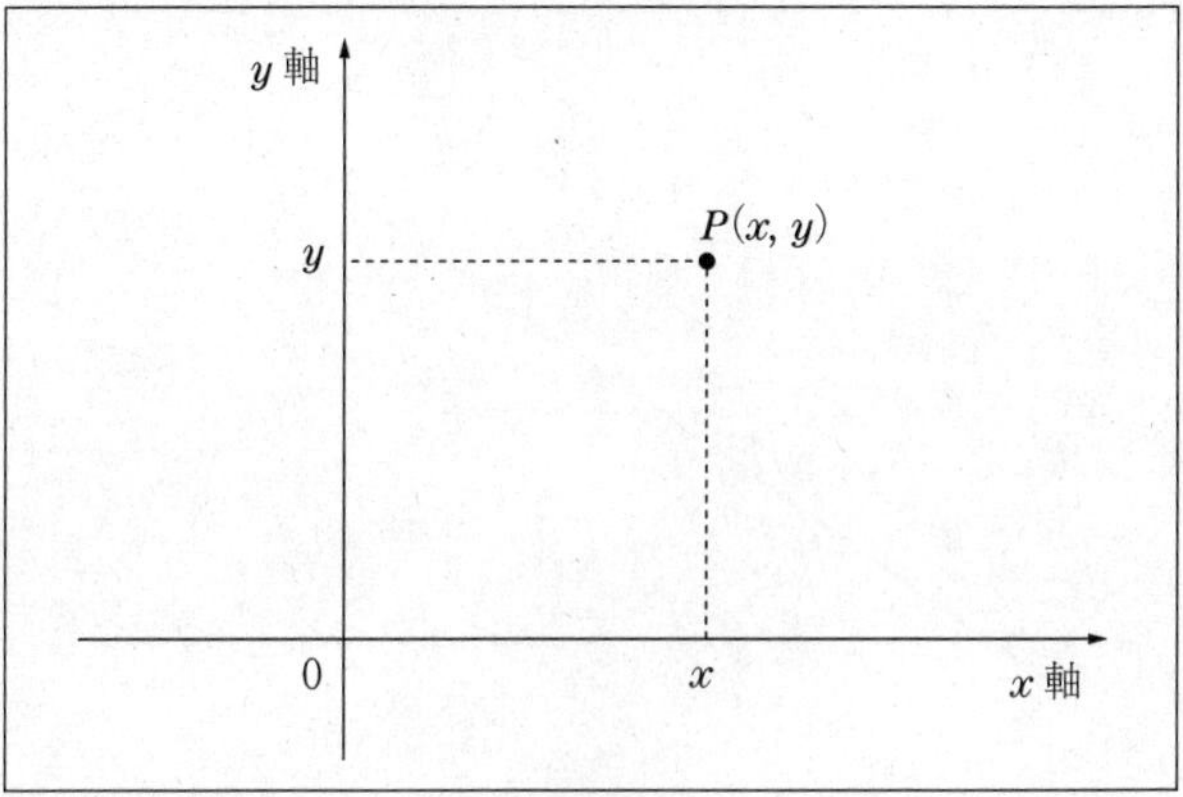

■図20

量は正比例していて、その比例定数がaなのです。これは1次関数の中に潜んでいた不変量でもあります。

　このように、私たちはそれと気づいていなくても、1次関数の変化量の変化に着目するという意味で、1次関数が正比例関数であることを感じている、それが正比例感覚にほかなりません。

　関数の様子を視覚的にとらえるには、**グラフ**を描くのがわかりやすいです。

　平面上に、直交する2本の数直線を引き、水平線を**x軸**、垂直線を**y軸**といいます。また、2直線の交点を**原点**といいます。この座標軸が引かれた平面を**座標平面**といいます。

　座標平面上の点Pをx軸からの（符号付き）距離xとy軸からの（符号付き）距離yを組にして$P(x, y)$で表します。

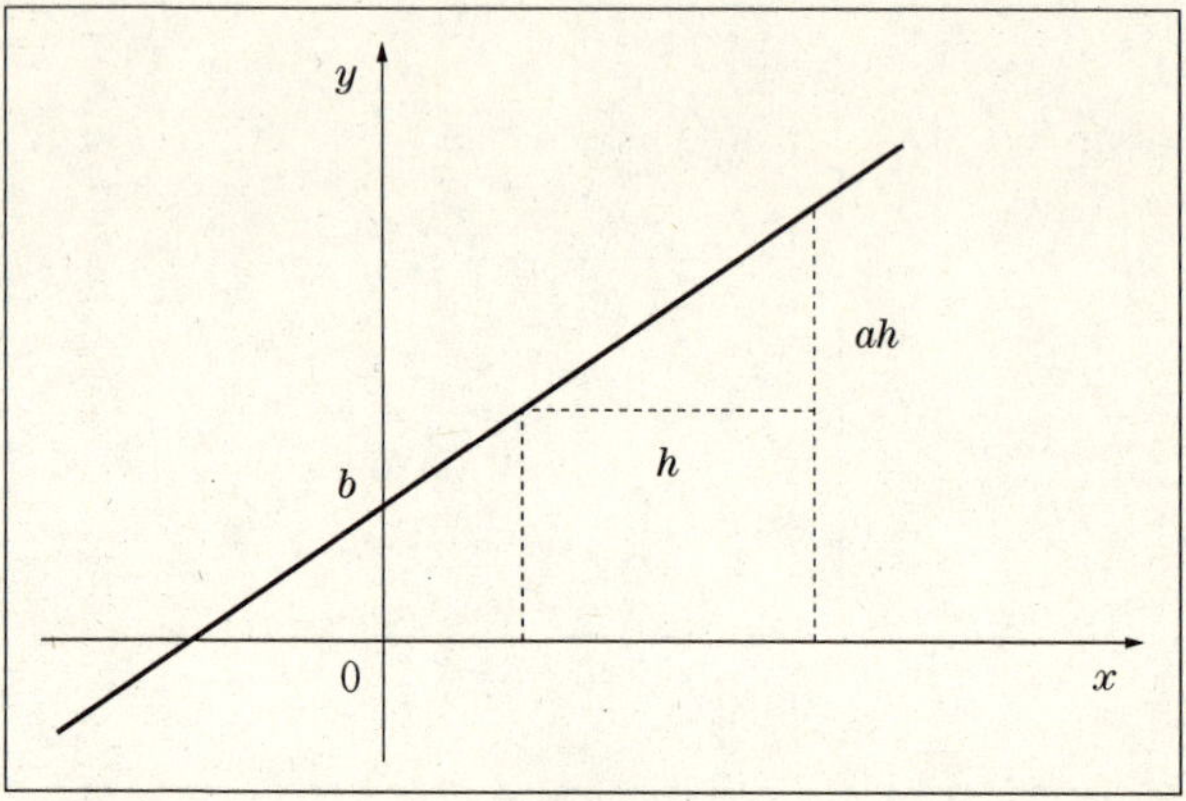

■図21

このように対応するxとyの値を組にして座標平面上にとっていくことで、関数のグラフを描くことができます（前ページ図20）。

yの変化量がxの変化量に比例しているということを考慮すると、1次関数のグラフが直線になることがわかります（図21）。線形性という言葉はここから来ているのです。

bは、関数として考えたときは$x = 0$のときの値で初期値でしたが、グラフで考えると、グラフとy軸との交点のy座標です。これをy切片といいます。

とくに、正比例のグラフは$b = 0$ですから、y切片が0のときにあたり、原点を通る直線となります。

では、もう少し多項式の次数を上げると関数はどうなるでしょうか。次にそれを考えましょう。

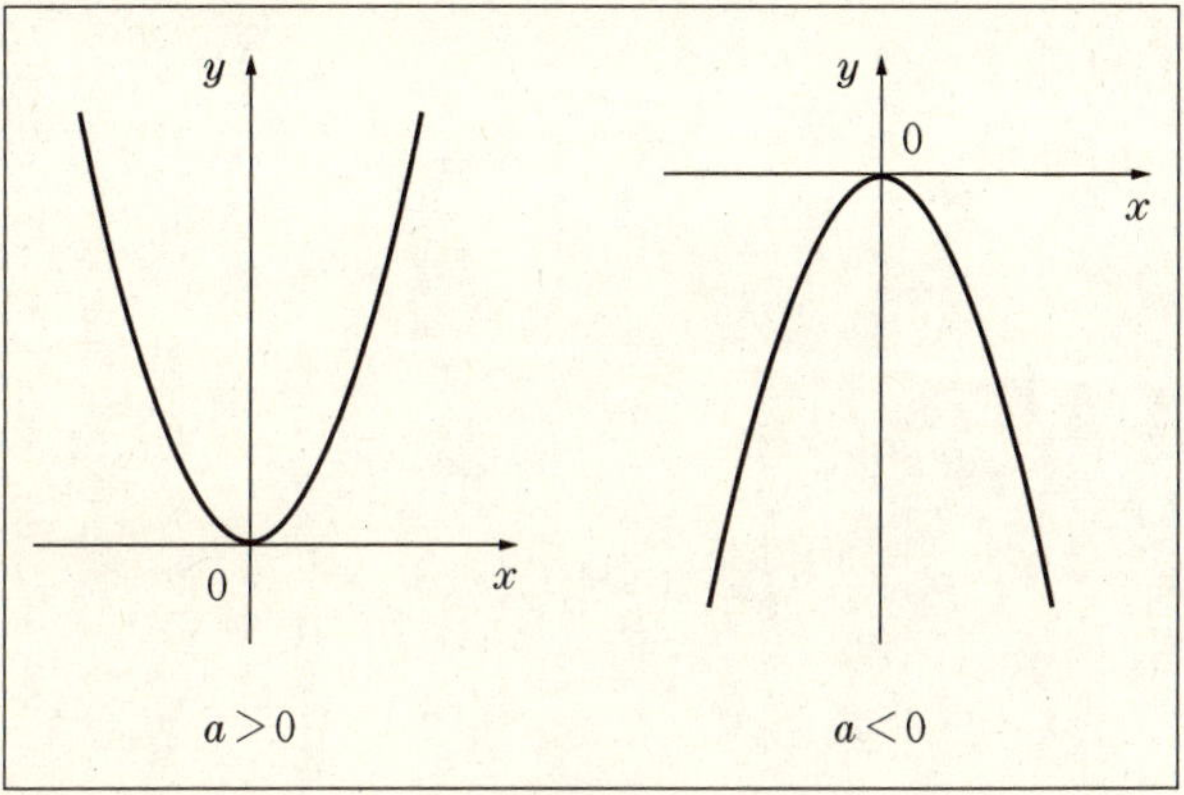

■図22

２次関数と多項式関数

２次関数は、斜面を転がる物体の運動や落下の法則に出てくる関数です。

たとえば、物体の落下距離は、落ちる時間 x の２乗に比例していて、その比例定数を普通は g で表します。g を物理学では重力定数といいます。

ですから、落下距離 y は $y = gx^2$ という２次関数で表されます。g の値は、実験により、だいたい４・９であることがわかっています。

ここに現れる関数 $y = ax^2$ を、**２乗比例関数**ということがあります。これは比例という言葉を使っていますが、正比例ではなく、y は x の２乗に比例するという意味です。これが一番簡単な２次関数です。

この関数は中学校で学びますが、グラフは

放物線という形になり、$a>0$, $a<0$によって、上向きか下向きかが決まり、前ページの図22のような形になります。

放物線という名前は、このグラフがボールを投げたとき、ボールが描く曲線であることから来ています。

一般に、次の2次式で表される関数 $y=f(x)=ax^2+bx+c$ を、**2次関数**といいます。

2次方程式を解いたとき、平方完成という技術を導入しました。2次関数についてもう一度それを使うと、

$$
\begin{aligned}
ax^2+bx+c &= a\left(x^2+\frac{b}{a}x\right)+c \\
&= a\left(x+\frac{b}{2a}\right)^2-\frac{b^2}{4a}+c \\
&= a\left(x+\frac{b}{2a}\right)^2-\frac{b^2-4ac}{4a}
\end{aligned}
$$

となります。今度は方程式の変形ではないので、両辺をaで割るかわりに、aでくくりました。したがって2次関数は、

$$y = a\left(x+\frac{b}{2a}\right)^2 - \frac{b^2-4ac}{4a}$$

となりますが、これを変形して、

$$y+\frac{b^2-4ac}{4a} = a\left(x+\frac{b}{2a}\right)^2$$

とし、新しい変数を、

$$Y = y+\frac{b^2-4ac}{4a},\quad X = x+\frac{b}{2a}$$

とすると、もとの2次関数は、

$$Y = aX^2$$

と簡潔に表すことができます。なかなかおもしろいことがわかりました。変数の置き換えは$X=0$、$Y=0$を新しいX、Y軸にする、すなわち、

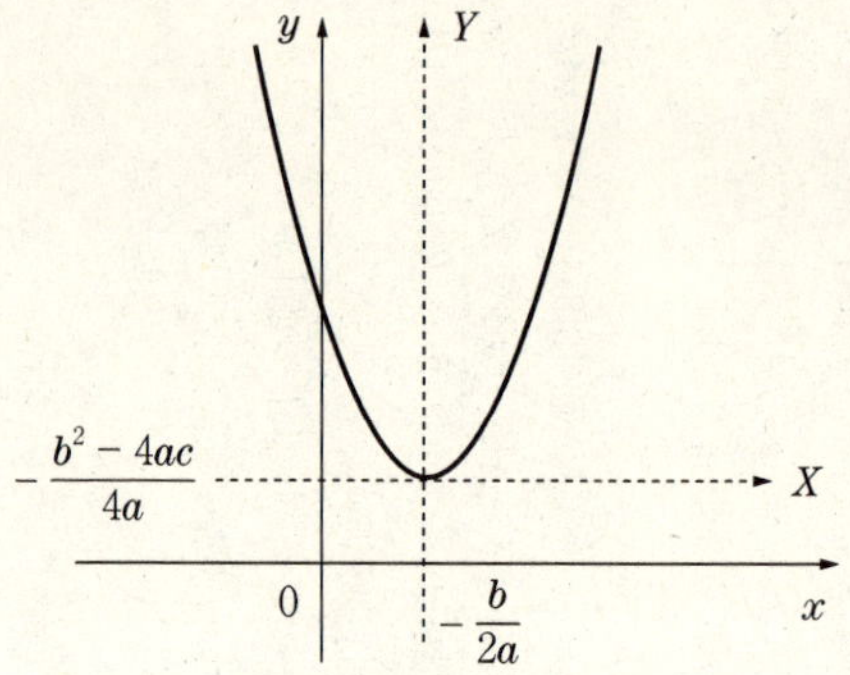

$y = ax^2 + bx + c$ のグラフ

■図23

$$x = -\frac{b}{2a},\ y = -\frac{b^2-4ac}{4a}$$

を座標軸と考えるということですから、この座標軸に対して、２次関数は２乗比例の関数 $Y = aX^2$ で表されるということにほかなりません。

　したがって、関数のグラフは、図23のようになります（$a > 0$ の場合）。

　このことから、２次関数 $y = ax^2 + bx + c$ の形（グラフ）が、x^2 の係数 a だけで決まり、１次の項 $bx + c$ は形には無関係で、グラフの座標平面での位置、すなわちグラフの場所を決めているだけだということもわかりました。

　また、すべての２次関数が、$y = ax^2$ の形になるということから、放物線はすべて相似であるということもわかります。

　もっとも、1次関数のグラフはすべて直線ですから、1次関数のグラフはすべて合同であるといういい方もでき、この視点で見ると、$y=ax+b$ を $y-b=ax$ と変形し、$y-b=Y$ とおいて $Y=ax$ と考えるのは、平行移動による合同変換にほかなりません。

　また、このグラフから、前章で述べた判別式のもう一つの解釈が出てきます。

　それは、放物線が x 軸と交わるかどうかは、新しく取った x 座標軸 $y=-\dfrac{b^2-4ac}{4a}$ が本当の x 座標軸の上にあるか、下にあるかで決まるということです。

　すなわち、$a>0$ なら、グラフは下向き放物線ですから、$-\dfrac{b^2-4ac}{4a}<0$ のとき x 軸と交わり、同様に $a<0$ なら、$-\dfrac{b^2-4ac}{4a}>0$ のとき x 軸と交わります。a の符号に注意して変形すると次の定理が得られます。

【定理】

　2次関数 $y=ax^2+bx+c$ で、判別式を $D=b^2-4ac$ とすれば、$D>0$ ならグラフは x 軸と交わる。

これが、幾何学的に見た判別式の意味で、逆に見れば、$D<0$ のとき、放物線のグラフは x 軸と交わらないということになります。x 軸と交わらないということは、方程式が実数の解を持たないということですから、これは方程式の章で調べたことを幾何学的にいいかえたものですね。

一般に、n 次多項式で表される関数 $y = a_n x^n + a_{n-1} x^{n-1} + \cdots + a_1 x + a_0$ を、**n 次関数（多項式関数）**といいます。

この関数のグラフは、n が大きくなればどんどん複雑になっていきます。

1次関数のグラフはすべて合同、2次関数のグラフはすべて相似でしたが、残念ながら3次以上の関数のグラフについてはそのような性質はありません。

この関数の変化の様子を代数的な方法だけで分析するのは難しく、微分積分学という数学はそれを分析するために開発されてきたという側面を持っています。ここでは次のことに注意しましょう。

多項式関数は、それがどんなに複雑な関数でも、与えられた入力 x に対して出力 y を具体的に計算する方法が明示されています。その意味では、この関数はブラックボックスではなくホワイトボックスです。

これは、関数が多項式という具体的な式で与えられているのですから当たり前のことなのですが、関数の値が直接計算できる関数は、ある意味で多項式関数しかないのです。

これを以下の関数でもう少しくわしく考えていきたいと思います。

指数関数

同じ数aを何回もかけるとき、それをa^nと書いて**累乗**《るいじょう》ということは、中学校で学びました。nはaをかける個数（回数）で、$a^n = a\times a\times a\times\cdots\times a\times a$です。$n$を累乗の**指数**といいます。これを一般化することは高等学校で学びますが、手がかりになるのは**指数法則**です。

指数法則とは、普通は次の三つをいいます。

① $a^m \times a^n = a^{m+n}$

② $a^m \div a^n = a^{m-n}$　$(m>n)$

③ $(a^m)^n = a^{mn}$

これから、指数法則を手がかりにして指数を拡張していきますが、一般の場合を扱うために$a>0,\ a\neq 1$としておきます。$a<0$のときは値の振る舞い方がちょっと異常になってしまいますし、$a=1$のときはa^nがいつでも1になってしまうのでおもしろくありません。

さて、②で $m=n$ のときは、左辺は $a^m \div a^m$ で1になりますが、右辺は $a^{m-m}=a^0$ となりますから、$a^0=1$ と決めます。

こうすると、0の場合も含めて指数法則が成り立つとすれば、

$$
\begin{aligned}
1 \div a^n &= a^0 \div a^n \\
&= a^{0-n} \\
&= a^{-n}
\end{aligned}
$$

となりますから、$a^{-n}=\dfrac{1}{a^n}$ と決めるのが自然です。さらに、指数法則③から、$(a^{\frac{1}{m}})^m = a^{\frac{m}{m}} = a^1 = a$ なので、

$$a^{\frac{1}{m}} = \sqrt[m]{a}$$

と決めます。こうしてすべての有理数 n/m に対して、

$$a^{\frac{n}{m}} = \sqrt[m]{a^n}$$

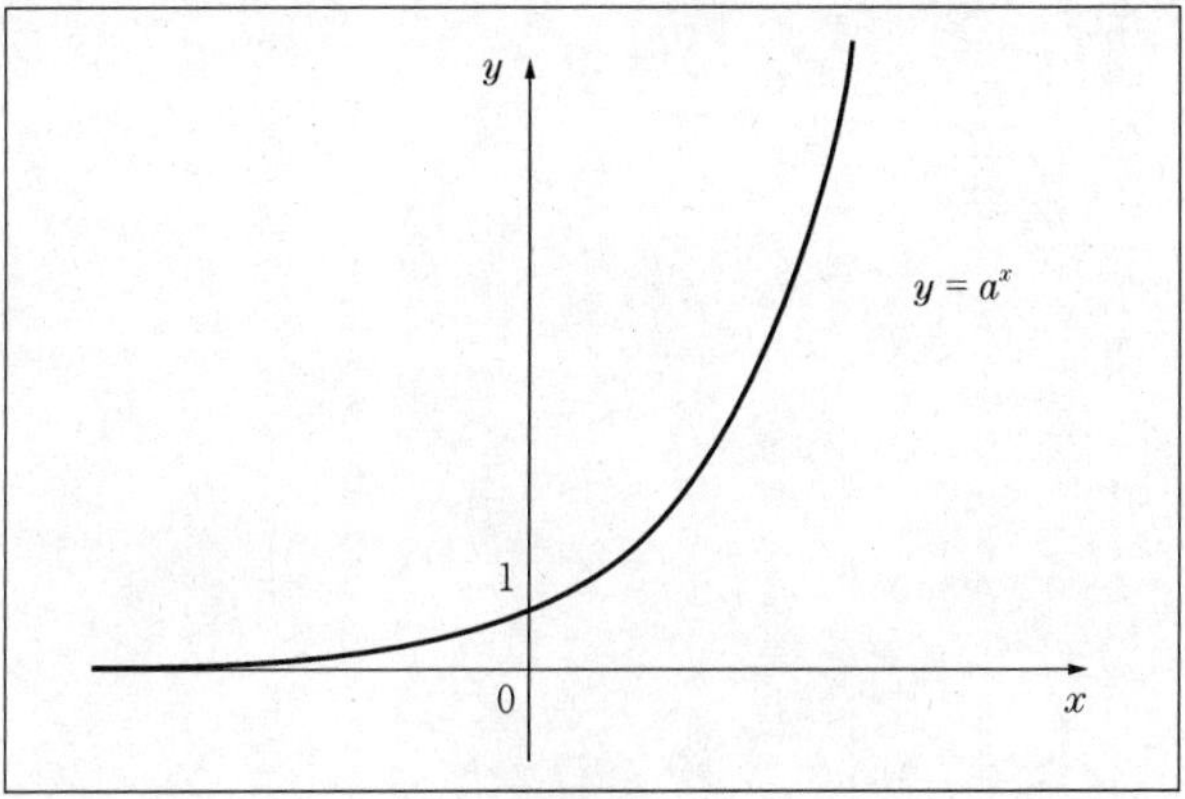

■図24

が決まります。つまり、$a^{\frac{n}{m}}$とは、m乗するとa^nになる数を表します。

さらに、一般の指数についてもその値を決めることができ、こうして一般のxに対して、a^xが決まり、関数$y = a^x$が得られます。

これを指数関数といい、aを指数関数の底《てい》といいます。

正比例関数$y = f(x) = ax$は、xが1増えるごとに一定の差だけ変化する関数でした。式でいうと$f(x + 1) - f(x) = a$ということでした。

これに対して、指数関数$y = f(x) = a^x$は、xが1増えるごとに一定の比だけ変化する関数です。

式でいうと、

$$\frac{f(x+1)}{f(x)}=a$$

ということです。これが指数関数の中の不変量です。$a>1$としてグラフを描くと、前ページ図24のようになります。

グラフを見るとわかるように、$a>1$のとき、xの値が大きくなるとyの値は急速に大きくなっていきます。

では、たとえば指数関数$y=2^x$に対して、$x=0.75$の値は、どうやって計算できるのでしょうか。$0.75=\frac{3}{4}$ですから、これは指数の定義から、4乗すると2の3乗、すなわち8となる数です。つまり、8の4乗根ということになります。

この数が1と2の間にあることはたしかですが、いくつかとなるとはっきりとはわかりません。つまり、指数関数の定義ははっきりしましたが、関数そのものはまだブラックボックスのままといってもよいでしょう。

この仕組みを解明するのが一つの目標ですが、それにはどうしても微分積分学という数学の助けが必要になるのです。そのためにくわしい分析は次章にまわして、ここではもう一つ次の新しい関数を考えます。

対数関数——逆関数という考え

私たちは、xとyの対応として、関数$y=f(x)$を考えてきました。これを$f:x \to y$と書くと、関数$f(x)$がxをyに対応させていることがはっきりします。

このとき、逆にyに対応しているxは何だろうか、を考えることがあります。典型的な例は方程式で、たとえば2次方程式$ax^2+bx+c=0$を解くということは、2次関数$y=ax^2+bx+c$で、出力が0となるようなxを求めるということにほかなりません。

このように、関数$y=f(x)$があったとき、逆にyにxを対応させる対応（関数）を$y=f(x)$の**逆関数**といいます。

これは、関数$y=f(x)$でxとyの役割を入れ替えたものにほかなりません。つまり$y=f(x)$の逆関数とは、形式的にxとyを入れ替えた関数$x=f(y)$なのですが、ここには一つ問題があります。たとえば、関数$y=x^2$を考えてみましょう。

[例] $y=x^2$の逆関数

形式的にxとyを入れ替えると、$x=y^2$となります。この場面で$x \geqq 0$という条件がつくことに注意しましょう。

ところで、関数は普通は、$y=$……の形に書くのが約束なので、この式をyについて解くと、$y=\pm\sqrt{x}$となりますが、これではyの値が一つに決まりません。

そこで、yについても条件をつけ、$y\geqq 0$とします。こうして$y=x^2$の逆関数$y=\sqrt{x}$が定まるのです。すなわち、２乗するとxになる正数を与える関数です。

いまの場合、変数x、yに制限がついていることに注意してください。このように、逆関数を考える場合は、変数に制限をつけなければならないことがあります。

では、これをもとに、指数関数の逆関数を考えます。

指数関数$y=a^x$に対して、その逆関数はx、yを入れ替えて、$x=a^y$となります。xが与えられた場合、aを何乗したらxになるだろうかということです。

これが指数関数の逆関数ですが、前の例と同じように、この式をyについて解いて、関数$y=$……と表現したい。ところが、この式は残念なことに、$x=y^2$と違ってyについて代数的に解くことができないのです。

こんな場合、数学では、「yについて、解けた」ことにして、それを新しい記号で表してしまうという離れ業（裏技？）を使うことがあります。

「砂漠の向こうにひそんでいる怪物がいる。怪物のままでは人はそれを恐れるしかない。しかし、その怪物に「ライオン」という名前をつけた途端、怪物は怪物ではなく、ただの

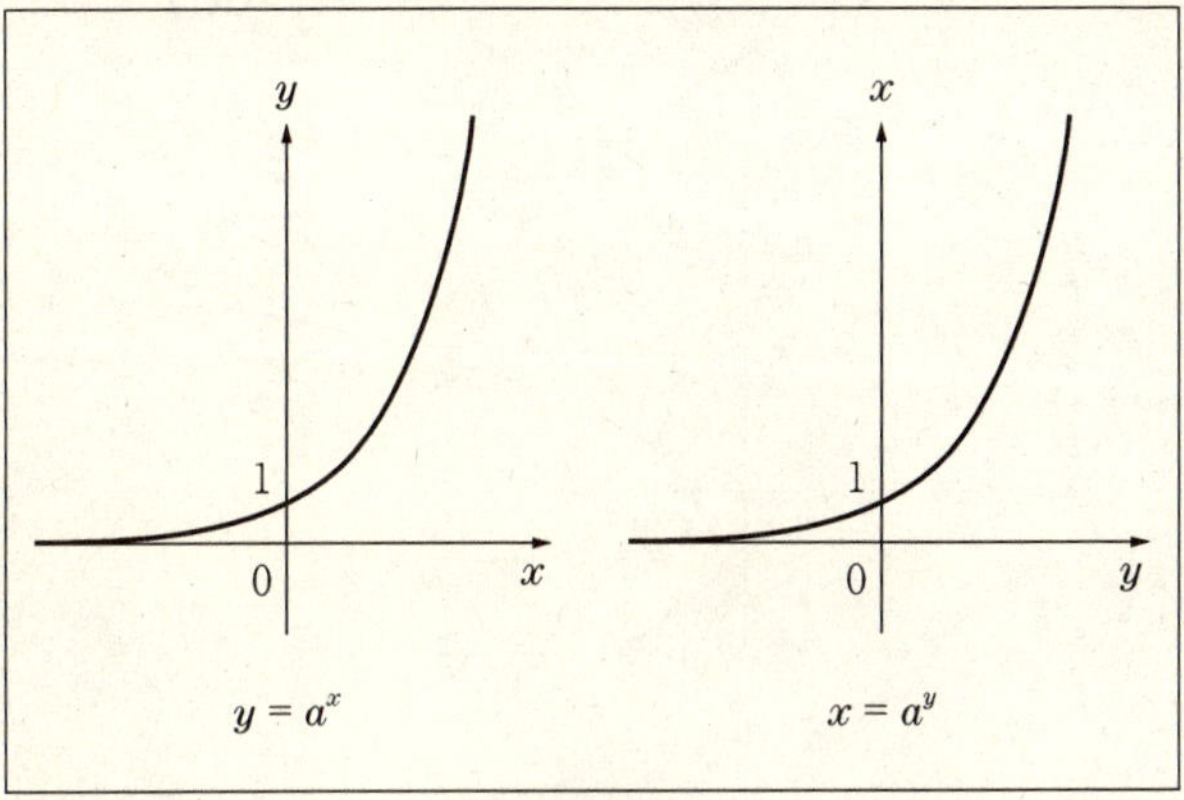

■図25

ライオンになってしまった」

これはある文学者の有名なたとえ話ですが、いまの場合も指数関数の逆関数という怪物に**対数関数**という名前をつけてしまおうというわけです。

そこで、この関数を $y = \log_a x$ と書いて対数関数といいます。

つまり、対数関数とは $x = a^y$ にほかなりませんから、当然 $a^{\log_a x} = x$ となります。

ところで、この場合は変数に制限をつける必要はないのでしょうか？　そのために、グラフを考察します。

逆関数とは、要するに x、y の役割をとり替えればいいので、形式的には x を y に、y を x に書き直せばいいわけです。

同じように、グラフでもグラフそのものには手をつけず、記号 x と y だけを書き直しま

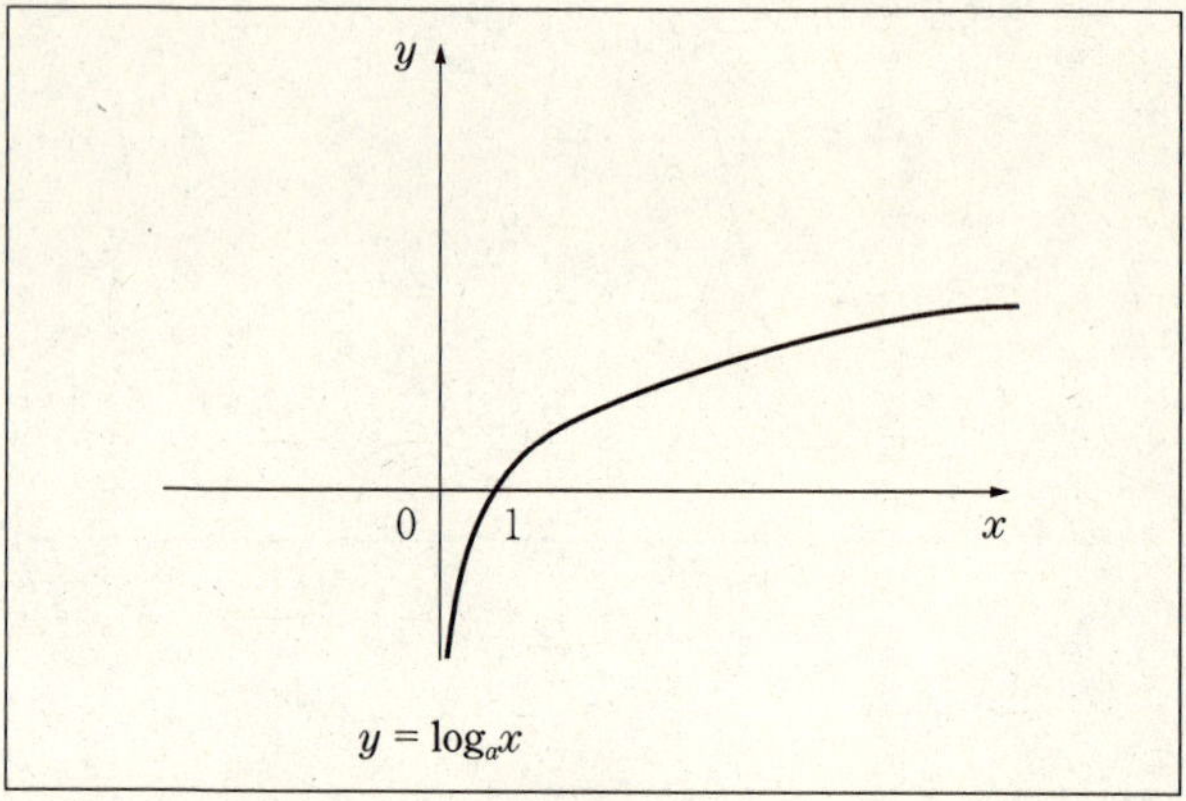

■図26

す。

　ところで、グラフには記号x、yが何カ所か出てくるところがありますから、そこも全部書き換えます。

　大切なのは、座標軸についた名前も変わってしまうということです。

　というわけで、図25の右のグラフが対数関数のグラフです。ちょっと変ですか？　そう、座標軸が見慣れた位置にありません。座標軸とは、あくまでグラフを書くための道具でした。

　ですから、別に縦がx軸でもかまわないのですが、やはり見慣れたほうが見やすいでしょう。それで、このまま、座標軸を普通の位置に持ってきます。

　そこで、このグラフを見慣れたものにするために、横軸をx軸に、縦軸をy軸にするように軸を移動します。まず、グラフと座標軸を、原点を中心に90度左回転し、それをy軸を対称軸にして180度裏返します（この操作は、グラフを直線$y=x$について裏返す操作と同じです）。

こうすると図26のグラフが得られます。これが対数関数のグラフです。

式も、$x=a^y$から$y=\log_a x$に書き直しておきましょう。

このグラフを見るとわかりますが、対数関数の場合は、yに制限をつけなくても関数として意味を持ちます。

さて、対数関数も相変わらずブラックボックスのままです。たとえば、関数$y=\log_{10} x$の$x=2$の値は、簡単には求まりません。これは$10^y=2$となるyのことです。

この値が、1より小さいことは間違いありませんが、どれくらいなのでしょう。少し工夫をするとこんなことがわかります。

$2^{10}=1024$で$1000=10^3$ですから、少しおおざっぱに$2^{10}=10^3$と考えると、$2=10^{0.3}$となり、$\log_{10}2$はだいたい0.3です。

もう少し精密な議論をすると、$\log_{10}2$が、だいたい0.30であることもわかります（2006年度の大学入試問題にありました）。

しかし、いつもこのようにしてyの値を求めるわけにはいきません。この関数についても、ブラックボックスの中身をあとで微分積分学を使って調べてみます。

三角関数

三角関数は、円運動に伴って現れるとても大切な関数です。この関数は、従来三角比の発展として考えられることが多く、それは幾何学的な理解としてとても大切なことですし、三角比は具体的な測量などとも関連して重要な考え方です。

しかし、関数としての側面は、三角形より円運動に関連して考えたほうが考えやすいと思います。

すなわち、三角関数を単位円周上の点の位置を表す関数と考えます。そのために、半径1の円（これを**単位円**という）の上の点について、その位置を数値として表す方法を考えなければなりません。

その一つの方法が**ラジアン**という単位です。

ラジアン

私たちが、関数のグラフを考えるときに、どのように点を座標平面上にとっていたでしょうか。普段はあまり考えないことなのですが、このとき最も大切なことは、「数値を符号のついた長さとして表す」ということです。

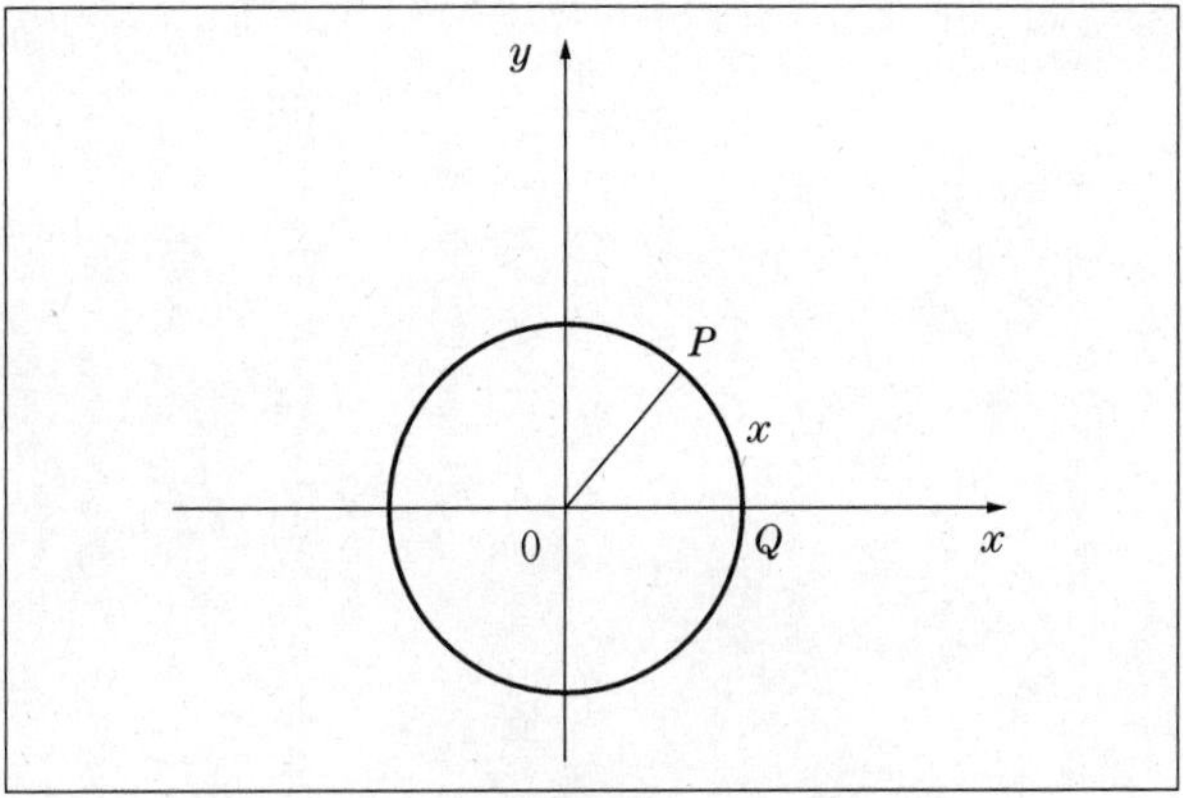

■図27

数直線という考え方そのものが、数値を直線上の長さとして表すということにほかなりません。

x軸上のある定点を原点として、その点から左右に符号のついた長さをとって、数を直線上の点として表現する、これが数直線の考え方です。

したがって、数を数直線上に表現するには、その数値が長さとして表されていることが必要になります。

ところで、私たちは角の大きさを表すのに、普通は度という単位を使います。

度とは、円周を３６０等分し、そのいくつ分かで角の大きさを表す方法です。

30度の角といったとき、数値30は長さを表しているわけではありません。

ですから、正確にいうと、この30という数値を数直線上にとるわけにはいかないのです。

そこで、角を長さで測ることが必要になりました。これがラジアンです（図27）。単位円周に沿って、点Q（１、０）から測った弧の長さで、角の大きさを表すことにしました。

$\overset{\frown}{PQ}=x$ のとき、角∠POQの大きさをxラジアンといい、普通はラジアンという単位の名前をとって、∠POQ＝xと書きます。このxは、実際の弧$\overset{\frown}{PQ}$の長さですから、x軸上にとることができるのです。

ところで、ラジアンという角の測り方は、円弧の長さで角を表します。単位円の円周の長さは２πですから、２πが一周分３６０度を表し、πが半円周分１８０度を表します。

本当は、この長さπを単位にとれば、３６０度が2、90度が$\frac{1}{2}$となりきれいなのですが、こうすると、今度は普通の単位1が無理数になってしまいます（第1章参照）。

というわけで、普通ラジアンは$\frac{\pi}{2}$や$\frac{\pi}{3}$の形で表されることが多いのです。それぞれ半円周の長さの$\frac{1}{2}$、$\frac{1}{3}$と考えるとわかりやすいと思います。

さて、以上の準備のもとで、三角関数を考えましょう。

最初に、三角関数の定義を与えます。

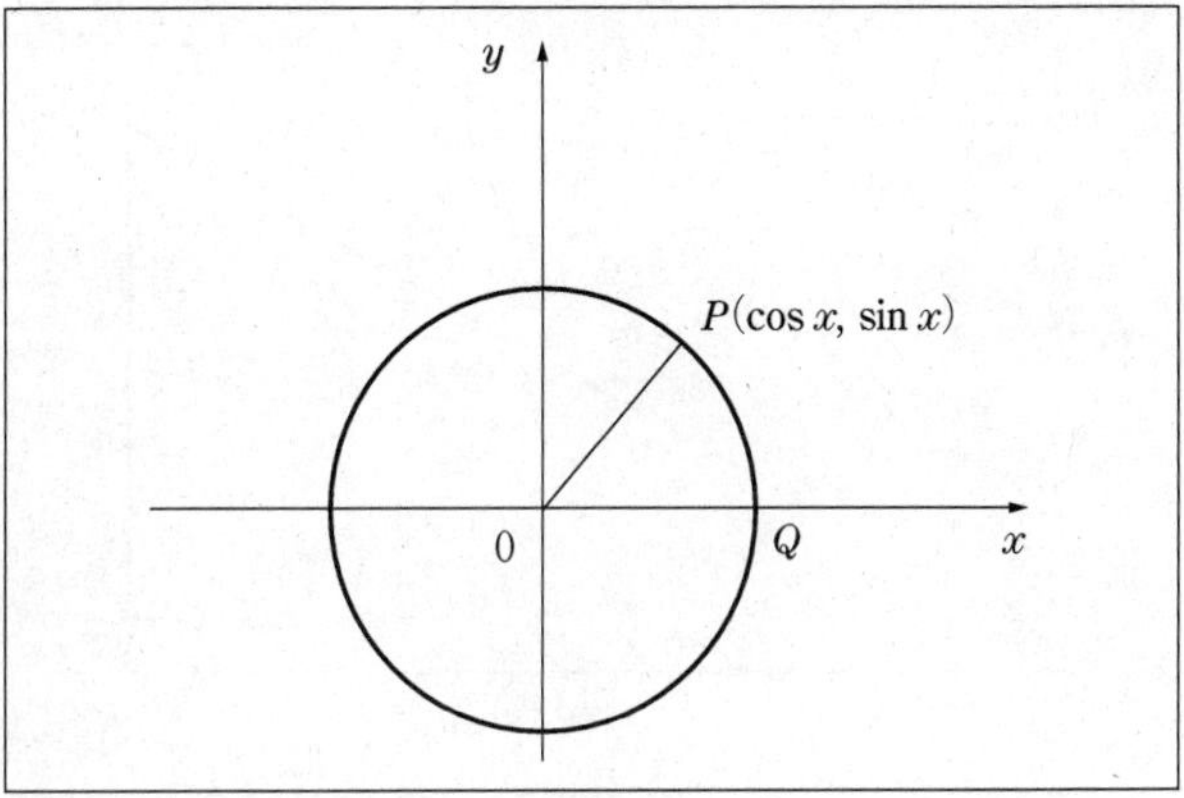

■図28

[定義]　単位円C上の点Q（1、0）と、C上を回転運動している点Pを考える。$\angle POQ = x$のとき、Pのx座標を$\cos x$、y座標を$\sin x$と書き、それぞれ**コサイン（余弦）**、**サイン（正弦）**という。また、サインとコサインの比$\dfrac{\sin x}{\cos x}$を**タンジェント（正接）**といい、$\tan x$と書く（図28）。

動点Pは、円周上を一周するともとの点に戻ってきますから、三角関数は2πを周期として同じ値をとる**周期関数**です。

三角関数のさまざまな性質は、この定義から順に導くことができますが、ここでは一番簡単な性質として、$\sin^2 x + \cos^2 x = 1$がピタゴラスの定理を使ってすぐに出てくることだけを注意しておきます。

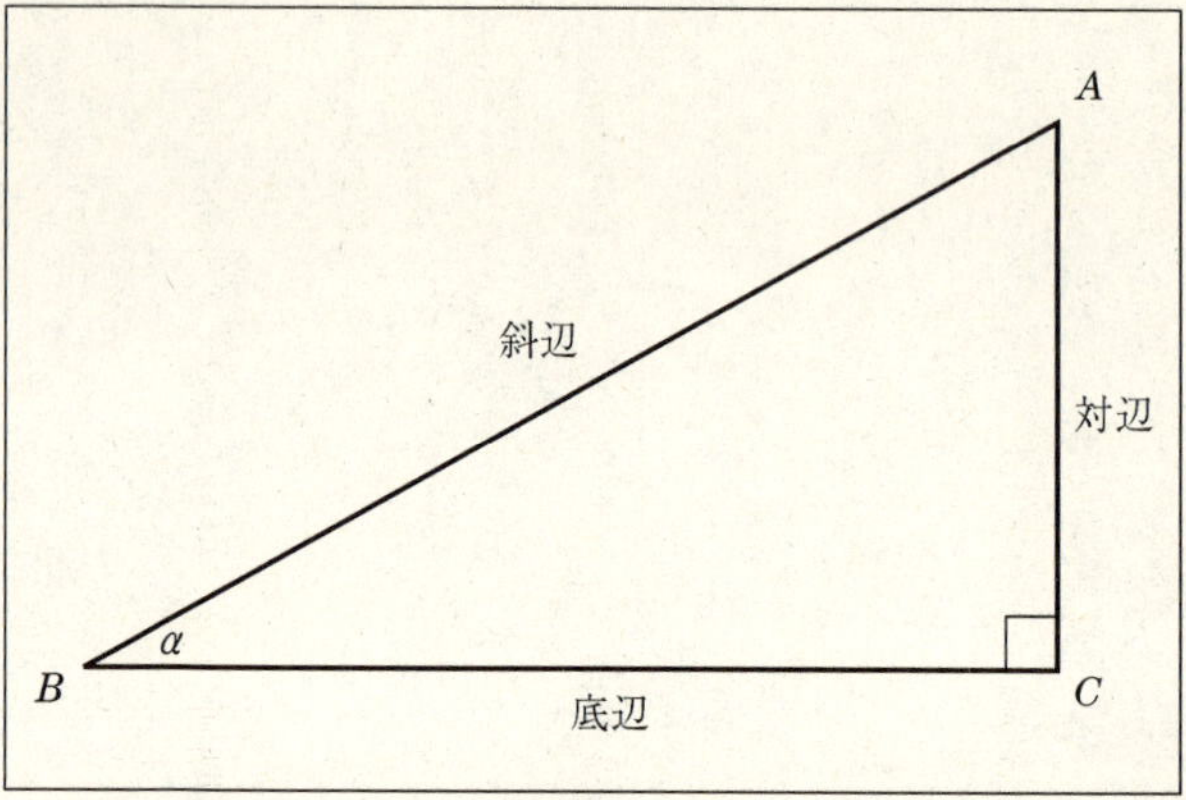

■図29

三角比と三角関数の関係

直角三角形は、一つの鋭角を決めてしまうとすべて相似になります。

つまり、直角三角形は一つの鋭角が同じならすべて同じ形で、辺の比（これを**形状比**という）は決まってしまいます（図29）。

これが三角比で、辺の比はいろいろと考えられますが、おもに使うのは次の三つです。

$$\sin\alpha = \frac{\text{対辺}}{\text{斜辺}}$$

$$\cos\alpha = \frac{\text{底辺}}{\text{斜辺}}$$

$$\tan\alpha = \frac{\text{対辺}}{\text{底辺}}$$

単位円で考えた直角三角形では、斜辺の長

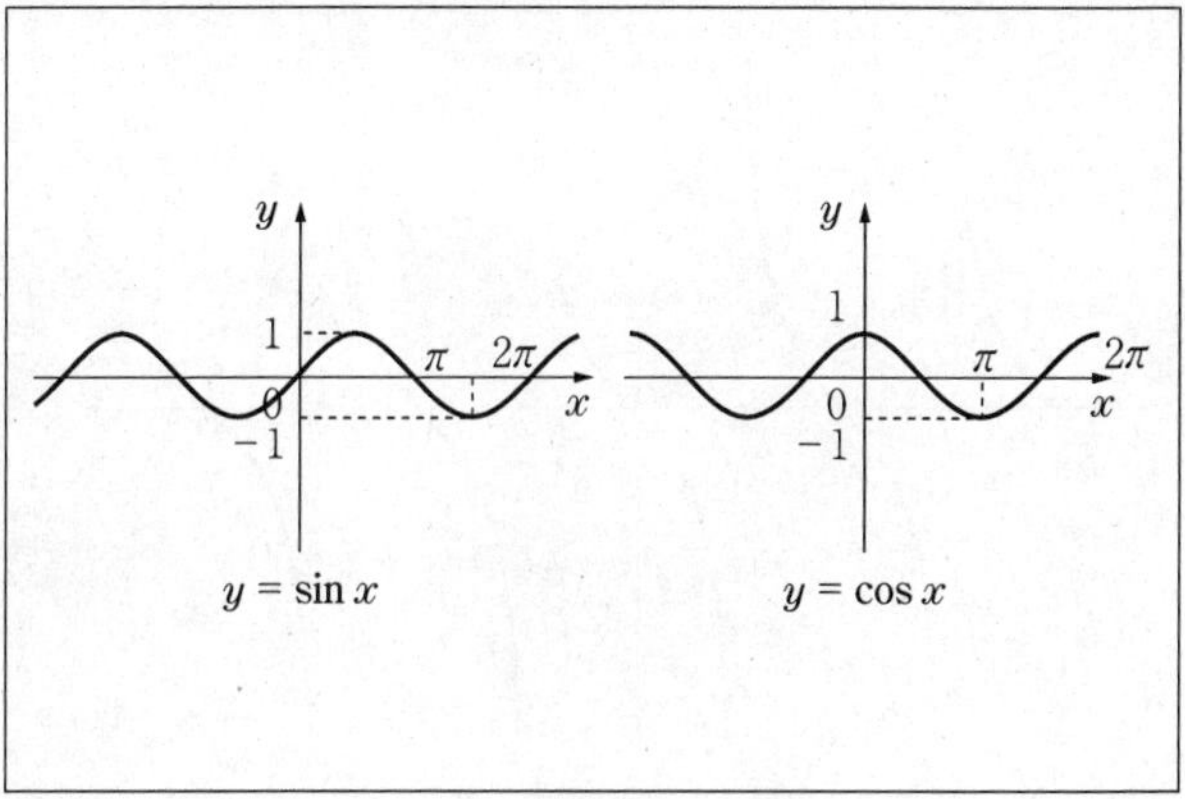

■図30

さがつねに1となるので、この三角比の定義はそのまま三角関数の定義に一般化されていることがわかります。

三角比を三角形と関連づけて考えるのは、幾何学的な様子はわかりやすいかもしれませんが、鈍角や１８０度より大きい角について三角比を考えることが少し難しい。

一般に三角関数を考え、その特殊な場合として三角比を考えたほうがわかりやすいのではないかと思います。

ここには、数学における特殊と一般の関係が現れています。

数学の理解には、特殊な例を積み重ねて一般の概念に到達する場合と、一般の場合を先に考えて、その特殊な場合として個別の例を考える場合とがあり、それは題材によって違ってきます。

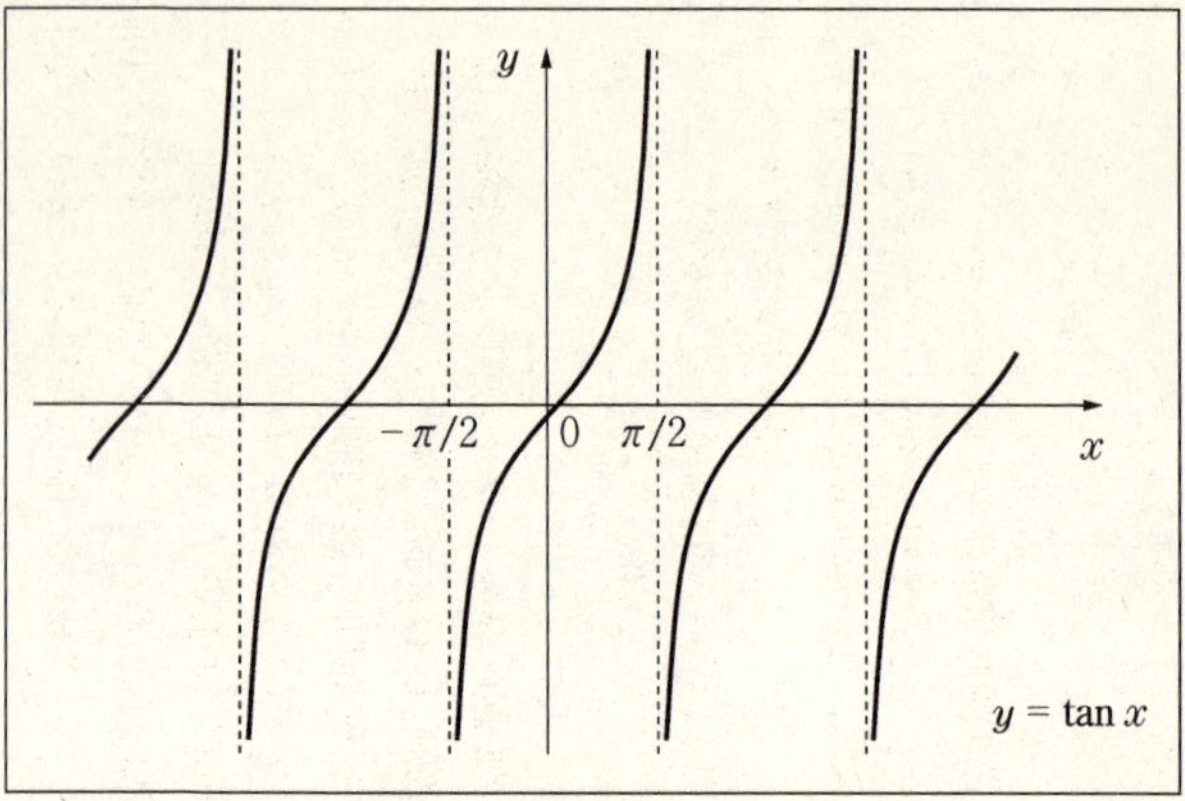

■図31

「問題が難しければ一般化せよ」とは、数学者ジョージ・ポリアの逆説的な名言です。

これで、三角関数は定義されました。

実際に、座標平面上に点をとってグラフを描いてみると、三角関数のグラフは、図30、図31のようになります。

$y = \sin x$ が、波を打つグラフになることを実感するおもしろい実験があります。

$\sin x$ は、円周上を一定の速さで運動している点の y 座標です。

そこで、透明なプラスティックの円柱に、紐をぐるぐると巻き付けます。

そして、時間軸が円柱の縦方向にあると考えて、その紐をらせん状に伸ばすのです。

ちょうど朝顔のつるが、透明な円柱に巻き付いていると考えてください。

その円柱を、真横から眺めるのです。

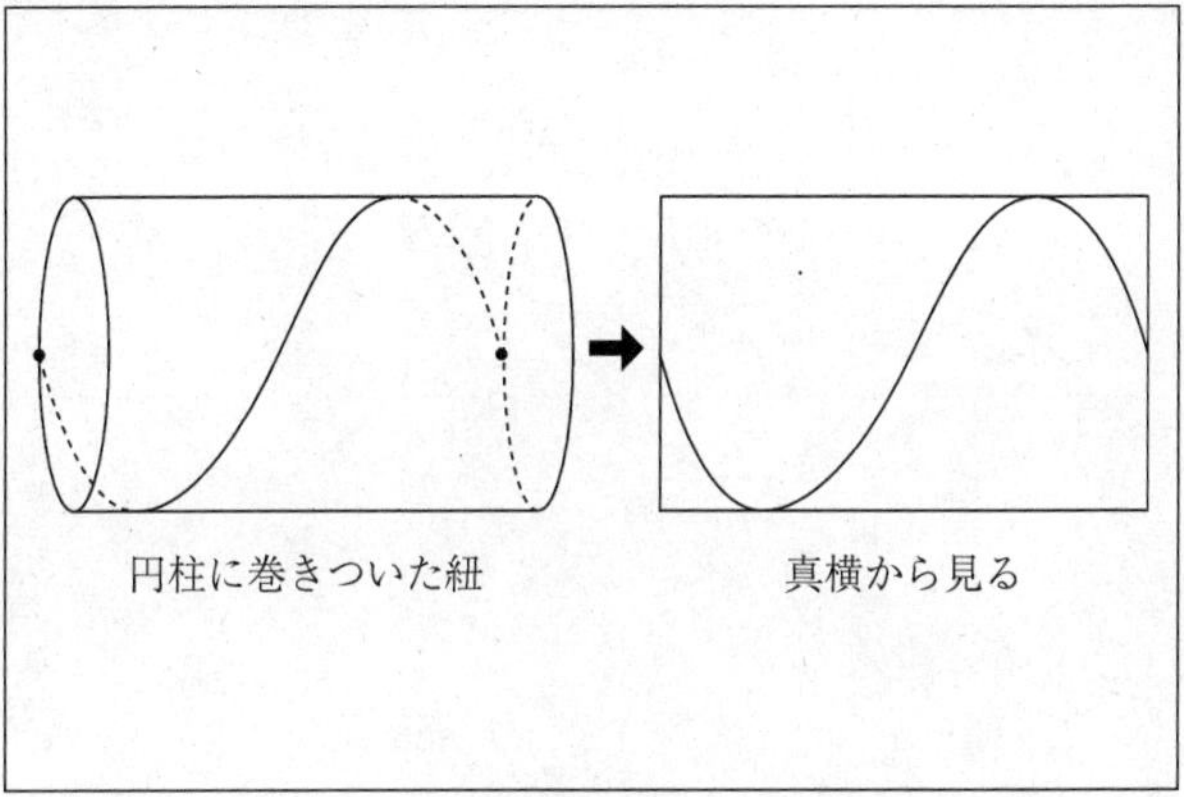

■図32

すると、紐はサインカーブとなり、波打っているのがわかります。これがサインのグラフです（図32）。

さて、三角関数にはもう一つ大きな問題が残っています。

私たちは、多項式関数が、いわばホワイトボックスになっている、つまり、具体的な入力xに対して出力yを計算する方法がわかっていることを見ました。

では、三角関数ではどうでしょうか。

半円周の長さπを基準にしたとき、$\sin\left(\frac{\pi}{3}\right)$の値などは幾何学的知識をもとにして、

$$\sin\frac{\pi}{3}=\frac{\sqrt{3}}{2}$$

と求めることができます。

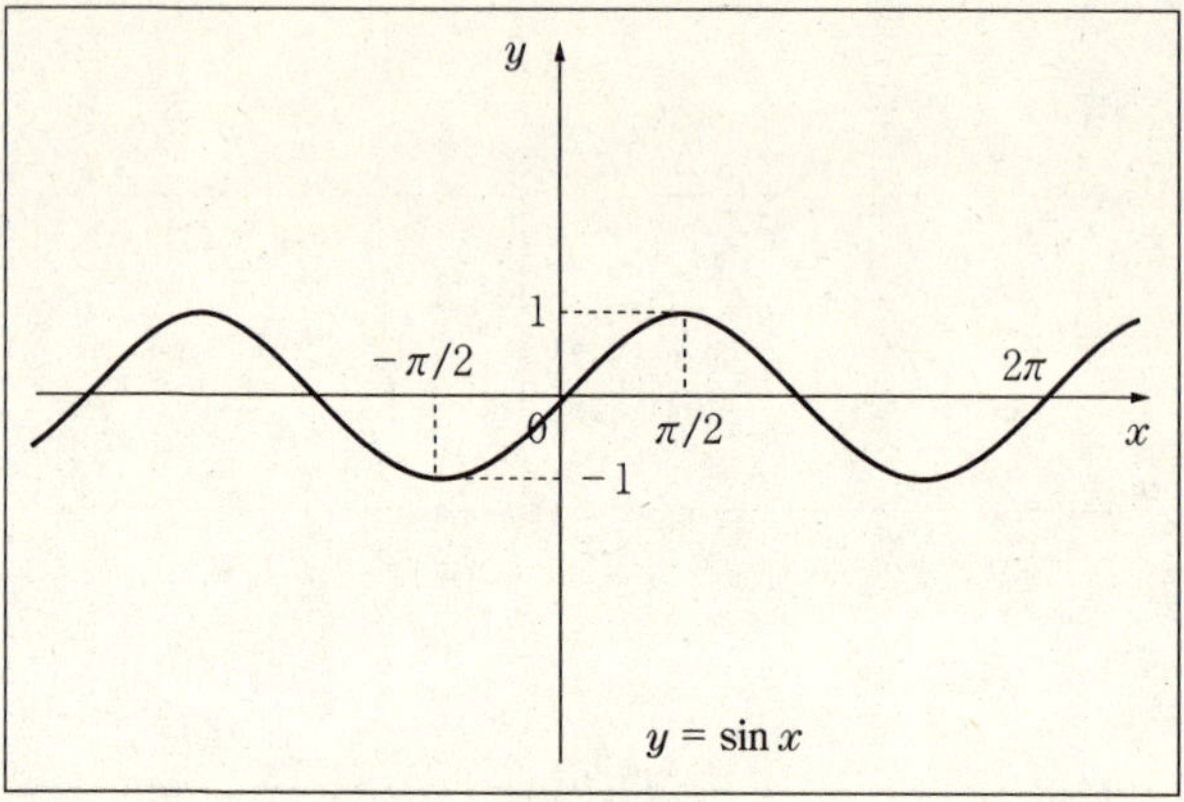

■図33

こういう角は、「由緒正しい角」なのだというのは、ある数学者の名言です。

ほかに、$x=\frac{\pi}{6}$ や $x=\frac{\pi}{2}$ のときの値などもわかります。

しかし、ごく普通の角（由緒のない出所不明の角！）の場合、三角関数の値はどうやって求めるのでしょう。

なるべく大きな正確な図を描き、精密に測定する、というのはジョークです。

実際、三角関数は、定義ははっきりしましたが、相変わらずブラックボックスのままです。

三角関数を多項式として表すことができれば、その値を計算することができますが、それには微分積分学という数学を必要とします。それは次章で考えましょう。

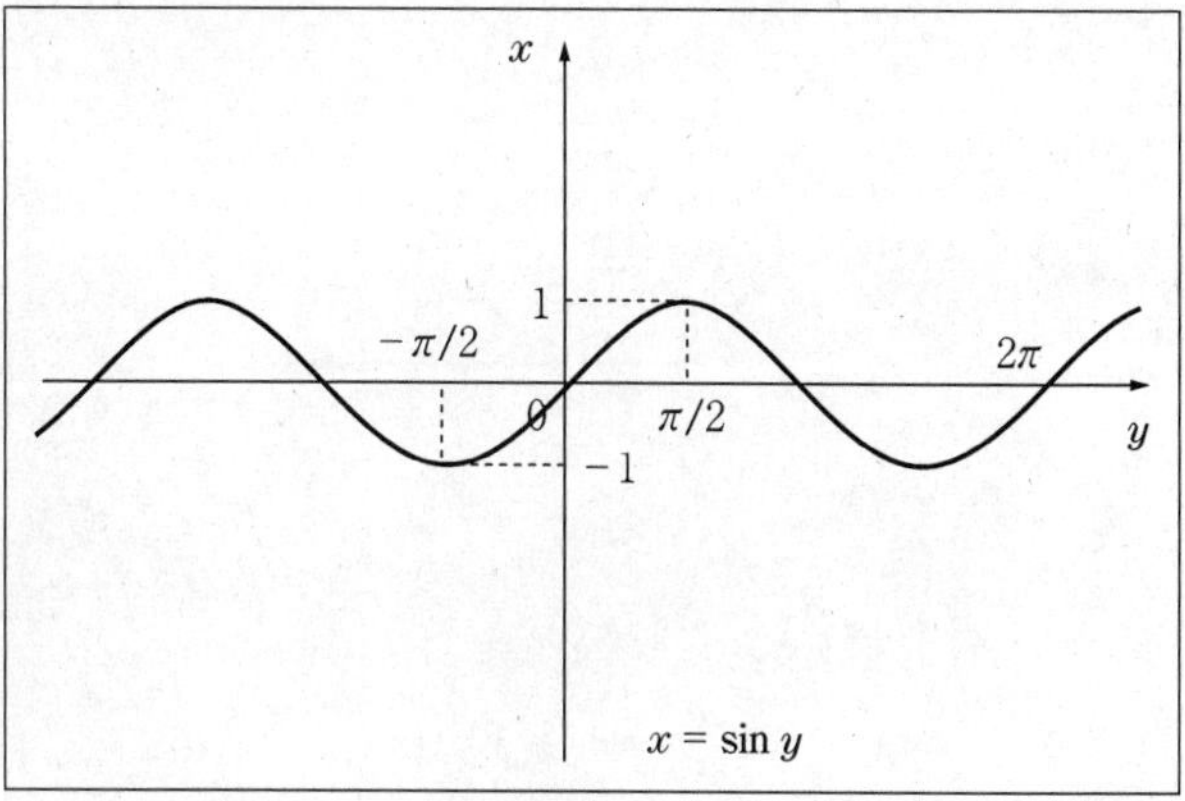

■図34

逆三角関数

三角関数 $y = \sin x$ のグラフは、図33の通りです。

この図で、x と y を総入れ替えしたものが $y = \sin x$ の逆関数です。

つまり、図34が、サインの逆関数とそのグラフです。

関数が、$x = \sin y$ に変わっていることと同時に、座標軸に付けられた名前も変わっていることに注意してください。

これが逆三角関数なのですが、この表記も私たちがいままでに親しんできたものと違っています。

そこで、このグラフを見慣れたものにするために、対数関数の場合と同じように、横軸を x 軸に、縦軸を y 軸にするように軸を移動

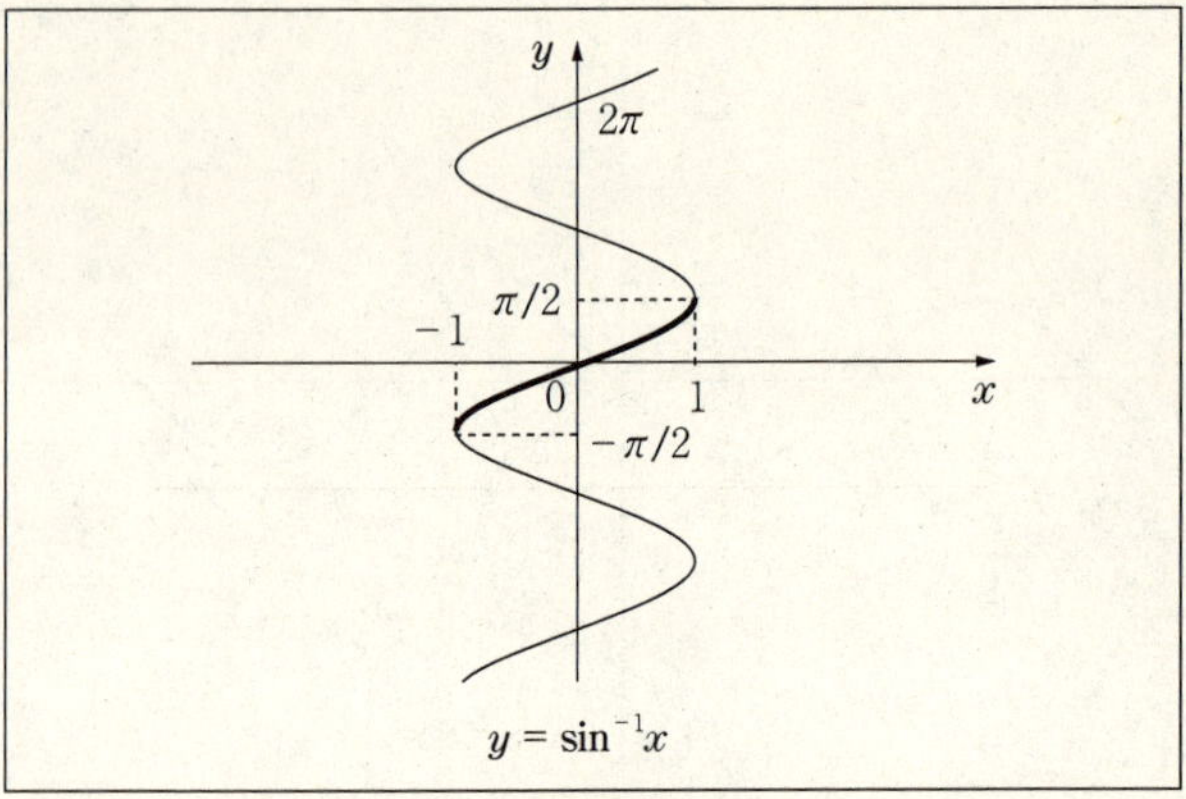

■図35

します。

まず、グラフと座標軸を原点を中心に90度左回転し、それをy軸を対称軸にして１８０度裏返します（この操作は、グラフを直線$y=x$について裏返す操作と同じです）。

こうすると図35のグラフが得られます。

このグラフを見ると、xの変域が、$-1 \leqq x \leqq 1$であることはすぐわかりますが、この範囲のxについて、残念ながらyの値が一つに定まりません。

そのために、普通はyの変域に制限をつけ、$-\frac{\pi}{2} \leqq y \leqq \frac{\pi}{2}$とします。

こうすると、xの値についてyの値が一つに決まるようになります。

ところで、私たちは関数を、$y=f(x)$の形で表すことに慣れています。

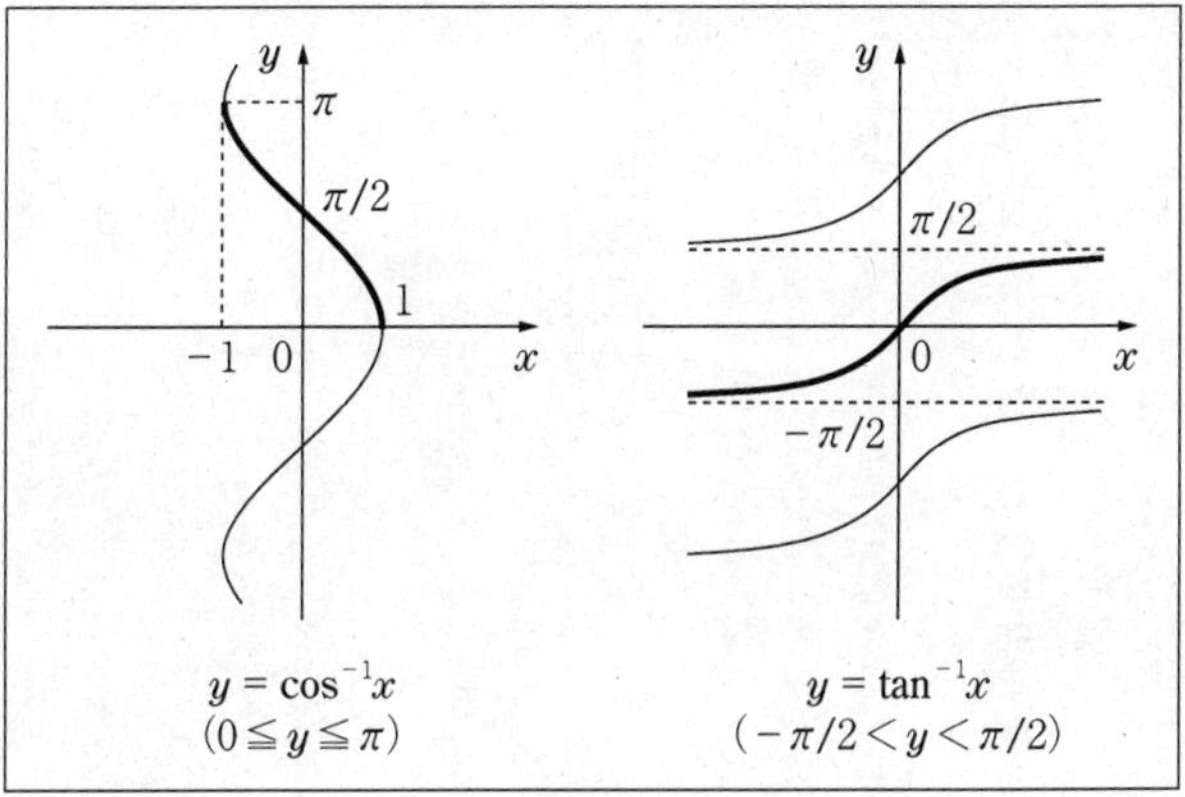

■図36

そこで、$x = \sin y$ を $y = f(x)$ の形に直したい、つまり、y について解きたいのです。

しかし、今度も対数関数の場合と同様で、この式を y について解くことができません。

こんな場合の数学の伝家の宝刀！「解けたことにして」、これを $y = \sin^{-1}x$ と書いて、**アークサイン**と読みます。

これが $y = \sin x$ の逆関数です。

まとめると、

$$y = \sin^{-1}x \Leftrightarrow x = \sin y \left(-\frac{\pi}{2} \leqq y \leqq \frac{\pi}{2}\right)$$

となります。

同様にして、$\cos x$, $\tan x$ の逆関数も定めることができます。

これらの関数を、それぞれ $y = \cos^{-1}x$, $y = \tan^{-1}x$ と書いて**アークコサイン**、**アークタンジエント**といいます。上にグラフを描いておきましょう（図36）。

なお、$\sin^{-1}x$ のときと同じように、y の値を一つに決めるため、y の変域に制限がつくことに注意してください。

ところで、なぜ三角関数の逆関数が必要なのでしょうか。

一つには、サインの値がいくついくつになるような角はどんな角か？　という問いに答える必要があるからですが、じつは、逆三角関数にはもう一つ大切な役割があるのです。それは、次の微分積分学の章で説明しましょう。

初等関数

さて、いままでに見てきた関数を振り返ってみると、扱ったのは多項式関数、指数関数、対数関数、三角関数、逆三角関数でした。

多項式関数をわり算することで、分数関数が出てきます。また、n乗根を用いると無理関数が出てきます。

多項式関数、分数関数、無理関数の逆関数は同じ仲間の関数、多項式関数、分数関数、無理関数になります。

指数関数と対数関数は互いに逆関数でしたし、三角関数と逆三角関数も互いに逆関数です。つまり、これらの関数たちはまとまって一つの世界を形作っています。

これらの関数をまとめて**初等関数**といいます。

とくに多項式関数、分数関数、無理関数をまとめて**代数関数**といい、指数、対数、三角、逆三角の各関数を**初等超越関数**といいます。

もう一度、ブラックボックスという目でこれら初等関数を眺めてみましょう。

多項式関数は、ブラックボックスの中身がはっきりわかっていると考えていいでしょう。つまり、入力xを加工する手続きが明記されている、という意味です。

分数関数も、分子、分母がともに多項式ですから、ひとまずは計算の手続きがわかっていると考えられます。

しかし無理関数になると、少し危うくなります。

たとえば、簡単な無理関数$y = \sqrt{x}$であっても、$\sqrt{2}$なら中学校以来、1.41421356……などと覚えている人も多いと思うのですが、$\sqrt{2.5}$となるとなかなか即答はできません。

私は以前、これを0.5と叫んでしまったことがあります。もちろん0.5は$\sqrt{0.25}$です。ですから、簡単な無理関数でも、中身はブラックボックスだと考えたほうがよさそうです。

簡単な無理関数でも計算できないのですから、初等超越関数になるともっとブラック、真っ暗になってしまいます。

こうして改めて関数を眺めてみると、計算できる関数とは、基本的には多項式関数しかないことがわかります。初等的な微分積分学の一つの役割は、このブラックボックスの仕組みを調べることにあるのです。

では、次章で積み残してきたこれらの事柄を、微分積分学を使って調べていきましょう。

第4章

微分と積分

極限という考え方

前の章では、変化を扱う数学の枠組みとして、関数を考えました。

関数は対応一般を表すので、その値を求めることが難しいものもあります。そのため、関数の中でも扱いが比較的容易な初等関数という仲間を紹介したわけです。

しかし、初等関数でも具体的に関数の値を計算することが難しい、たとえば対数関数や三角関数のようなものもあることもわかりました。

関数の値を具体的に計算する一つの手がかりを与えてくれるのが**微分**です。

ところで、微分という数学の最も特徴的なことは、微分が加減乗除という四則演算だけでなく、極限という五則めの演算を扱うということです。

極限はたしかに少し難しいところがありますが、まず極限について考えておきましょう。

自然数1、2、3……を考えます。もちろん自然数はいくらでも大きくなっていきます。

私たちは、それをごく「自然」に理解しています。子どもたちは数の大きさにはかぎりがないことを、いつのまにか理解しています。

しかし、自然数がいくらでも大きくなるということを数学的な構造として理解しようとしたら、それをアルキメデスの原理として取り出す必要がありました。

つまり、どんな大きな数xをとっても、それより大きな自然数があるということです

（じゃんけんはあと出しが勝ち！）。

自然数がいくらでも大きくなるということを、直感的な理解ではなく、構造としてとり出して理解する必要は、日常生活の中ではほとんどないと思います。

しかし、無限や極限についてきちんと理解しようとすると、どうしても必要なことなのです。

そのアルキメデスの原理を反対側から見れば、

$$\lim_{n \to \infty} \frac{1}{n} = 0$$

という式が得られました。つまり、どんな小さい数εをとっても、nを十分に大きくとれば$\varepsilon > \frac{1}{n}$となる。これが極限の最も基本的な考え方です。

nをどんどん大きくすれば、$1/n$はいくらでも小さくなるのは、常識的に考えればしごく当たり前のことです。「当たり前のこと」、この感覚が極限を理解する最初の一歩です。

みなさんは小学校、あるいは中学校のとき、0.9999……＝1という等式に違和感を持ったことがあるでしょうか。

高等学校で極限を学ぶと、この等式が理解できるはずですが、それでも多くの高校生が

0.9999……と1の間に、わずかな隙間（違い）があると感じるようです。

これを、「じゃんけんはあと出しが勝ち！」方式の極限で考えてみましょう。わずかな隙間があると考える高校生が先手で、こちらが後手です。

「違いがあるというなら、その違いを見せてください」

「えーと、違いは0.0000000001くらいですか」

「残念ですが、0.9999999999はそれよりもっと1に近いですよ」

「違いは0.0000000000000001くらいです」

「今度も残念ですが、0.9999999999999999はもっと1に近い！」

「先生、ちょっとずるいなあ。違いはいくらでも小さいので、こちらが具体的に違いを示せばいつでもそちらの勝ちじゃないですか」

そうです。この場合、違いがあると主張する先手は、0.999……と1との違いを具体的に示すことができません。

「具体的に違いが明示できないものは同じものである」

これが、極限を扱うときのマニュアルなのです。

この「違いが明示できないから等しい」ということを、数学では「……」を使って、「0.9999……＝1」と書いたのです。「……」は違いが検出できないという意味です。

ですが、この「……」が気になる人もいるでしょう。それで、もう少ししかつめらしく、数学記号を使って表すとこうなります。

9がn個続いた数0.999……99をa_nとするとき、0.9999……＝1を$\lim_{n\to\infty} a_n = 1$、あるいは$a_n \to 1\ (n \to \infty)$と書く。これがlimという記号です。

日本語に翻訳すれば、「数列a_nの値は、nをどんどん大きくしていくと、いくらでも1に近づいていき、1とa_nとの違いは検出できない」となりますが、普通はこの翻訳文の後半部は省略してしまい、「0.999……は、いくらでも1に近づき、その極限は1である」というのです。

この「違いが明示できないときは同じと考える」方式の極限の考え方は、数学ではきちんとした証明の手段となり、普通は**ε－δ論法**と呼ばれます。

いかにも難しそうな名前で、事実、最初のうちはなかなか理解しにくいのですが、その心は先に述べた通りで、「自然数がいくらでも大きくなる」の中に内包されていたのです。

これで、極限とはどんな感じのものなのかが、何となくつかめたと思います。

ではきちんと定義しましょう。

【定義】

数列$\{a_n\}$で、nを1、2、3……と大きくしていくと、a_1, a_2, a_3, ……が一定の値cに近づいていくとき、すなわち、a_nとcとの違いが検出できないとき、数列$\{a_n\}$はcに収束する、数列$\{a_n\}$は極限値cを持つといい、$\lim_{n \to \infty} a_n = c$ または、$a_n \to c (n \to \infty)$と書く。

これを$\varepsilon - \delta$論法では、次のように表現します。

「任意の$\varepsilon > 0$に対して、$n > n_0$なら$|a_n - c| < \varepsilon$となる番号n_0があるとき、数列a_nはcに収束する」。

これは、「a_nとcとの違いがεだけある」と主張する先手に対して、後手は「そんなことはない。$n > n_0$ならa_nとcとの違いはεより小さくなる」といっていることに当たります。この文章の中では、「小さい」とか「いくらでも」「どんどん」といった感覚的な言葉が消えていることに注意しましょう。

一般に、ある関数$y = f(x)$について、xがある値aに近づいていくと、あるいはxがどんどん大きくなっていくと、それにともなって$f(x)$の値が一定の値cに近づいていくとき、つまり、関数の値$f(x)$と一定の値cとの違いが検出できないとき、その関数の**極限値**はcであるといい、これを$\lim_{x \to a} f(x) = c$ あるいは $\lim_{x \to \infty} f(x) = c$と書きます。

また、$f(x)$の値がいくらでも大きくなるときは、$\lim_{x \to a} f(x) = \infty$ あるいは $\lim_{x \to \infty} f(x) = \infty$と

書きます。これも数学的な表現をすれば、任意の$\varepsilon>0$に対して、$|x-a|<\delta$なら$|f(x)-c|<\varepsilon$となる正数$\delta>0$があるとき、「関数$f(x)$はxがaに近づくときcに収束する」といいます。

これも先手後手の比喩でいえば、「$f(x)$とcとの違いはεだけある」と主張する先手に対して、後手は「そんなことはない。xをaにδより近づければ、$f(x)$とcとの違いはεより小さくなる」といっています。

ここに出てくるε、δをとって、この論法を$\varepsilon-\delta$論法と呼びます。

[例]

①$\lim_{x\to\infty}\frac{1}{x}=0$

②$\lim_{x\to\infty}\frac{2x+1}{x}=2$

③$\lim_{x\to\infty}\frac{1}{x^2+1}=0$

少し注意をしましょう。違いが検出できるかどうかということは、精密な議論をするときはどうしても必要です。

もちろんそのために数学はこの論法を開発してきたのですから当然でしょう。しかし、極限値があるかどうかが直感的に把握できる場合もたくさんあります。その場合は、「いくらでも近づく」という理解の仕方で十分です。

大切なのは、直感的な理解の背後に、きちんとした数学的構造と理論があることを理解しておくことです。ではこれを使って微分という考え方について調べていきましょう。

微分とは

関数 $y=f(x)$ を考えましょう。x が a から h だけ変化したときの関数 y の**変化量** $f(a+h)-f(a)$ をつくります。これは文字通り、x が a から h だけ変化したとき、関数がどれだけ変化するかという量です。

1次関数のところで説明した通り、x の変化量と y の変化量の比、

$$\frac{f(a+h)-f(a)}{h}$$

が、一定の値になるのが正比例関数でした。もちろん一般の関数ではこの比が一定にな

ることは期待できません。そこで、xの変化量をどんどん小さくしていったとき、つまり$h \to 0$としたときの極限値、

$$\lim_{h \to 0} \frac{f(a+h)-f(a)}{h}$$

を考えます。これが一定の値に収束するとき、その値を$f(x)$の$x=a$での**微分係数**といい、$f'(a)$で表します。

また、すべての$x=a$で微分係数を持つ関数は、**微分できる**といいます。

結局、微分できる関数とは、xの変化をすごく小さく押さえたとき、局所的に正比例関数と見なせる（正比例関数との違いが検出できなくなる）関数だということです。

その正比例関数の比例定数が、微分係数にほかなりません。

ここで、aをxで置き換えてしまった、

$$\lim_{h \to 0} \frac{f(x+h)-f(x)}{h}$$

は、xの新しい関数になりますが、これを$f(x)$の**導関数**といい、y'あるいは$f'(x)$と書きます。$f(x)$の導関数とは、aでの$f(x)$の微分係数$f'(a)$を値に持つような関数です。

微分係数について、もう少し考えてみましょう。

この計算をわかりにくくしているのは、やはり極限の計算です。

しかし、極限とは、違いが検出できないということでしたから、検出できない違いなら無視してしまったらどうでしょう。

そこで、この極限をとる操作をやめてしまいます。しかし、ただやめると等号が成り立たなくなってしまう。そこで、だいたい等しいという記号「≒」を使い、この式を、

$$\frac{f(a+h)-f(a)}{h} \fallingdotseq f'(a)$$

と書くのです。ただし、ここでは、だいたい等しいという記号のことを、「hをどんどん小さくしていったとき、右辺と左辺の違いは検出できなくなる」という意味で使います。

こうすると、記号limがなくなったおかげで、この式はただの分数式となり、分母を払うことができます。つまり、$f(a+h)-f(a) \fallingdotseq f'(a)h$とすることができます。ずいぶんすっきりした式になりました。これをもう一度日本語に翻訳してみましょう。

関数$y=f(x)$が、$x=a$で微分できるとき、
「$x=a$の近くで、yの変化量$f(a+h)-f(a)$は、xの変化量hに（だいたい）正比例し、その比例定数が$f'(a)$である」

これが、関数が微分できるということの中身です。このほうが、先ほど書いた微分の意味をよく表しているようですね。

関数のところで調べたように、正比例関数とは最も簡単な関数で、その振る舞い方は比例定数で決まってしまいます。したがって、微分できる関数とは、$x = a$ の近くでは、その最も簡単な関数と考えることができる関数なのです。

ここで、$(a, f(a))$を原点として、比例定数が$f'(a)$である正比例関数を考えて、この関数を $x = a$ での関数 $y = f(x)$ の**微分**といい、新しい変数記号 dy、dx を使って、$dy = f'(a)dx$ と書きます。この記号はとても便利な記号なのですが、慣れないと難しく感じられるかもしれません。簡単な注意をしておきます。

①微分とは、関数$f(x)$の各点$(a, f(a))$に対応して決まる、微分という名前の正比例関数である。ただし、原点は$(a, f(a))$にとっている。
②なぜ新しい変数記号を使うかといえば、もとの変数x, yと区別したいからである。
③微分は、本質的に$x = a$を決めて初めて決まるもので、関数$f(x)$全体の微分は存在しない。あるのは$x = a$での微分という局所的な微分だけである。
④したがって、微分は導関数ではない。しかし、導関数を求めれば微分が決まる。

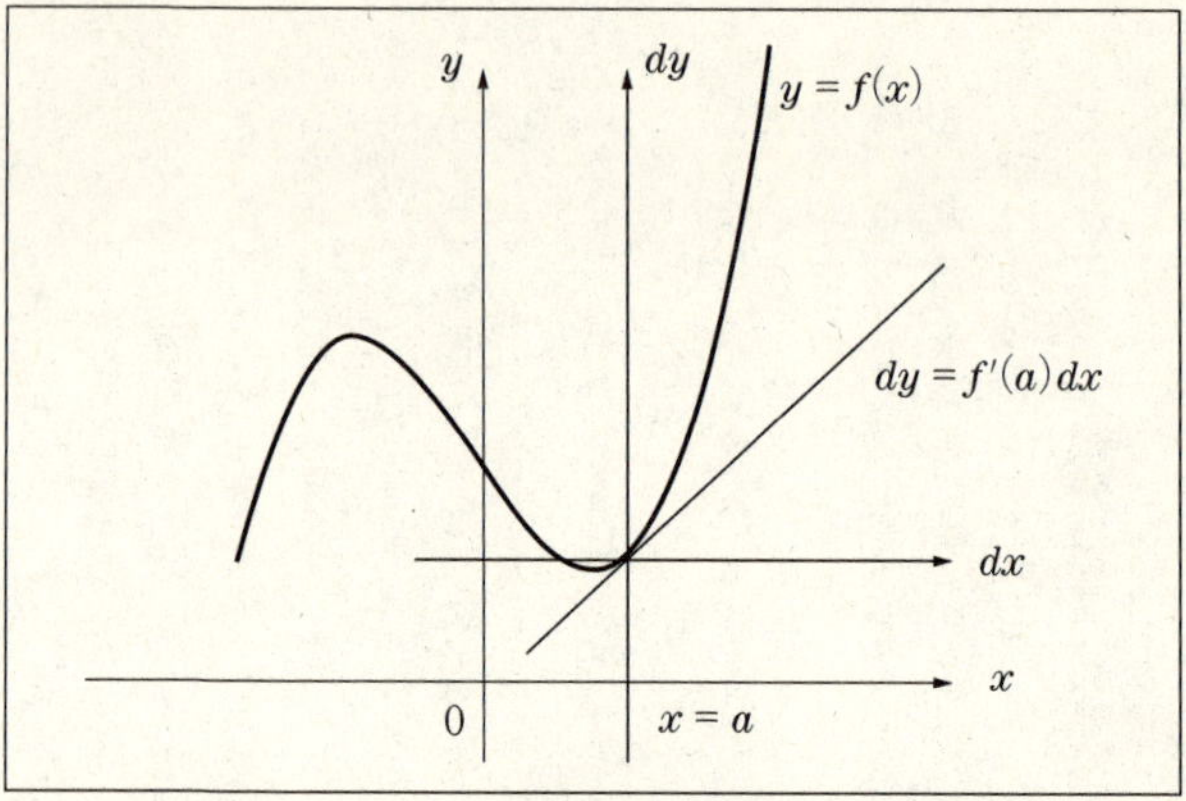

■図37

とはいっても、実際は微分のグラフは高等学校で学んだ $x = a$ での接線にほかなりません。それを微分という名前で呼んでいるだけだともいえます。グラフを書いてみると、図37のようになります。

この図からも、何のことはない、微分が新しい座標軸 dx、dy について述べられた、関数 $y = f(x)$ の $x = a$ での接線であることがわかります。

したがって、実際の接線の方程式は、微分（という名の正比例関数）を、もとの座標軸について書き直せばいいので、$y - f(a) = f'(a)(x - a)$ となります。

ところで、微分という名の新しい関数には、新しい変数 dx、dy を導入しました。この新しい変数の導入のおかげで、微分を $dy = f'(x)dx$ と書いても、変数がごちゃ混ぜになることはありません。この式を、「$x = a$ での」という言葉を省いて、**$f(x)$の微分**といいます。

これは、あくまでも便宜的なものであることを十分に注意しておいてください。本当は、関数全体の微分というものはありません。

しかし、この式から、関数 $y = f(x)$ の $x = a$ での微分を求めるには、関数の微分を求めて、$x = a$ を代入すればいいことがわかります。

しかも、記号 dx、dy は単なる変数記号ですから、関数の微分を求めるには導関数 $f'(x)$ が求まればいいこともわかります。

こうして、微分の計算技術では、導関数を求める計算（これを**関数を微分する**という）が主役になるのです。

導関数の計算

いままでのことで、関数の微分を求めるには結局、導関数が計算できればよいことがわかりました。導関数の計算は大きく分けると2種類になります。

一つは、関数の四則演算や合成に対して導関数を求める計算がどうなるのか、ということで、もう一つは、具体的な初等関数に対してその導関数がどうなるのかということです。たとえていうなら、微分計算の文法と単語帳ということです。

では、最初に文法を調べてみましょう。じつは、微分の文法は簡単で、規則は三つしかありません。少しくわしくしても五つです。

微分の計算規則――文法編

①微分計算は、関数の和に対して線形性を持つ。

すなわち、

(1)　$(f(x)+g(x))' = f'(x)+g'(x)$

(2)　$(kf(x))' = kf'(x)$

この性質から、$(f(x)-g(x))' = f'(x)-g'(x)$が得られます。つまり、加減算に対しては、微分は自然に振る舞います。

②関数のかけ算とわり算については次の公式が成り立つ。

(1)　$(f(x)g(x))' = f'(x)g(x) + f(x)g'(x)$

(2)　$\left(\dfrac{f(x)}{g(x)}\right)' = \dfrac{f'(x)g(x) - f(x)g'(x)}{g^2(x)}$

乗除算について、微分はあまり自然ではないようです。最後に、関数の合成についての性質があります。**合成**とは、次のような操作をいいます。

関数 $y = f(x)$ に対して、x が別の変数 t の関数 $x = g(t)$ となっているとき、t を変化させると x が動き、それに伴い y が変化します。つまり、x を仲介者として、y は t の関数 $y = F(t)$ であると考えられます。

つまり、$y = F(t) = f(g(t))$ ということです。これを関数の合成といい、新しい関数を**合成関数**といいます。このとき、次が成り立ちます。

③合成関数 $y = f(g(t))$ の t についての微分は、$dy = f'(x)g'(t)dt$ である。

合成の微分の式は、ある意味でとても自然で、考え方によっては、これが関数の「機能としてのかけ算」であるといってもよいでしょう。

普通に使われる関数のかけ算は、結果として得られる関数値のかけ算であって、関数の機能のかけ算ではありません。ですから、微分という演算は、関数の機能のかけ算については自然に振る舞っているのです。

　これら三つの規則の極限を使った証明はほかの本に譲ります。ここでは、いくつかについて、微分という考え方を使った説明をします。

①$F = f + g$ とする。x が dx だけ変化するとき、f が df だけ変化し、g が dg だけ変化すれば、その和である関数 F は $dF = ((f + df) + (g + dg)) - (f + g) = df + dg$ だけ変化する。

　ここで、$df = f'dx, dg = g'dx$ だから（これが微分です）、$dF = df + dg = f'dx + g'dx = (f' + g')dx$ となるが、$dF = F'dx$ だから、$F'(x) = f'(x) + g'(x)$ である。

②$F = fg$ とする。x が dx だけ変化するとき、f が df だけ変化し、g が dg だけ変化すれば、その積である関数 F は $dF = (f + df)(g + dg) - fg = (df)g + f(dg) + (df)(dg)$ だけ変化する。

　ここで、最後の項 $dfdg$ は非常に小さいので無視しよう。すると、$df = f'dx, dg = g'dx$ だから（これが微分です）、$dF = (df)g + f(dg) = f'dxg + fg'dx = (f'g + fg')dx$ となるが、$dF = F'dx$ だから、$F'(x) = f'(x)g(x) + f(x)g'(x)$ である。

最後の項を無視してしまったのが、微分の面目躍如たるところで、検出できない違いはないものとしようの精神です。

③ $y = f(x)$ の微分をつくると、$dy = f'(x)dx$、一方、$x = g(t)$ の微分をつくると、$dx = g'(t)dt$ となる。よって、これを代入すれば、$dy = f'(x)dx = f'(x)g'(t)dt$ となる。

二つの正比例、$y = ax$、$x = bt$ があるとき、y は t の ab 倍に比例するというのは、当たり前です。b 倍してから a 倍すれば ab 倍になります。合成の微分は、結局のところこれと同じことをいっているのです。

以上が、微分演算の文法です。この文法を使って微分を使うために、単語に当たるものが必要で、それが初等関数の導関数です。

微分の計算規則——単語編

7種類の初等関数について、その導関数の公式をあげておきましょう。

(1) $(x^{\alpha})' = \alpha x^{\alpha-1}$

(2) $(e^{x})' = e^{x}$

(3)　$(\log x)' = \dfrac{1}{x}$

(4)　$(\sin x)' = \cos x,\ (\cos x)' = -\sin x,\ (\tan x)' = \dfrac{1}{\cos^2 x}$

(5)　$(\sin^{-1} x)' = \dfrac{1}{\sqrt{1-x^2}},$

$(\cos^{-1} x)' = -\dfrac{1}{\sqrt{1-x^2}},\ (\tan^{-1} x)' = \dfrac{1}{1+x^2}$

初等関数の導関数を計算するための基本単語は、これだけしかありません。簡単に説明します。

(1)　$(x^{\alpha})' = \alpha x^{\alpha-1}$があれば、文法と組み合わせることによって、多項式関数、分数関数、無理関数の導関数が計算できます。この式についてはあとでもう一度考えます。

(2)　指数関数$f(x) = e^x$については、$x=0$での接線の傾きがちょうど1となるような底eを選ぶと図38のようになりますから（指数法則がうまく使われていることに注意しまし

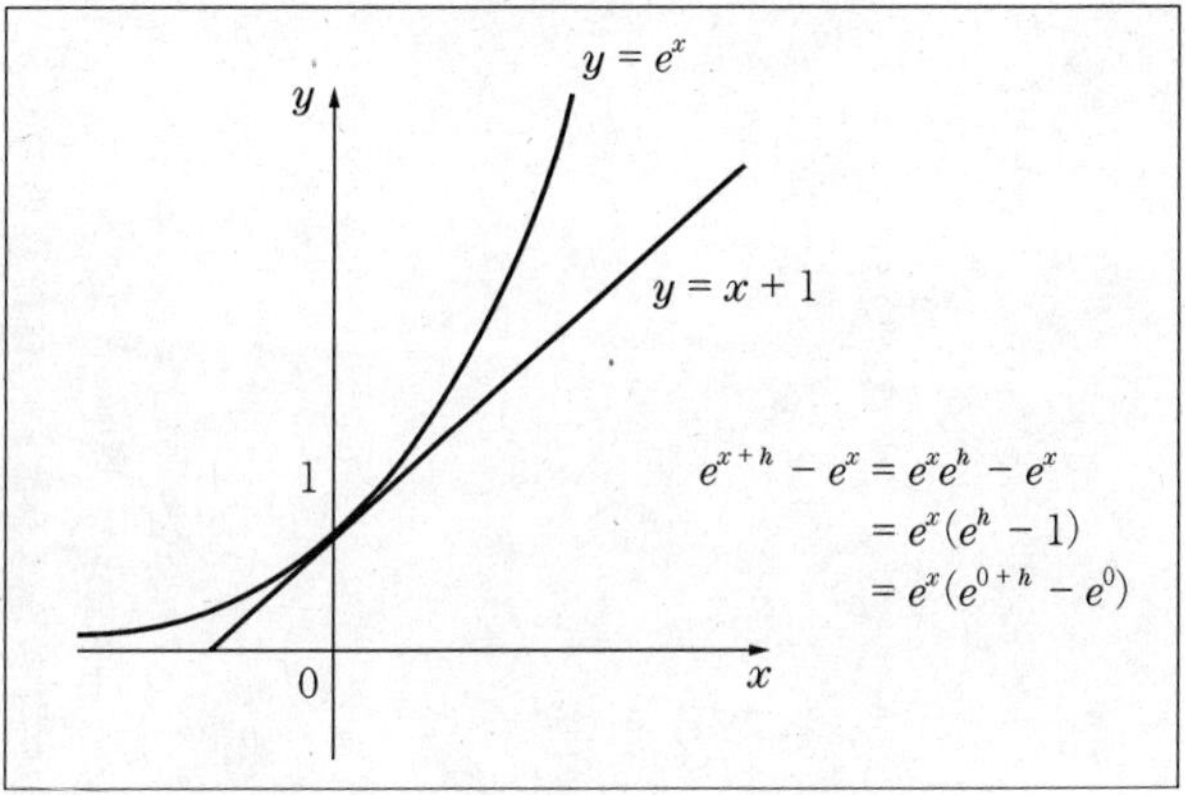

■図38

よう)、

$$\lim_{h\to 0}\frac{e^{x+h}-e^{x}}{h}=e^{x}\lim_{h\to 0}\frac{e^{0+h}-e^{0}}{h}$$
$$=e^{x}f'(0)$$
$$=e^{x}$$

となり、指数関数が微分しても変わらない関数だということがわかります。

$x=0$での接線の傾きが、ちょうど1になるような値eが存在することは、正確には証明しなければなりません。しかし、ここではその証明は省略します。このeという数は無理数で、$e=2.71828182745904$……となることがわかっています。

微分積分学では、指数関数や対数関数は、普通はこの底eを使います。

(3) 対数関数は、指数関数の逆関数です。微分積分学では、(2)の指数関数の逆関数を**自然対数**といい、$y = \log x$と書きます。つまり、「$y = \log x \Leftrightarrow x = e^y$」（第3章参照）です。

この右辺の関数の微分をつくれば（xとyが入れ替わっていても、微分は同じように考えればよい）、e^yのyについての導関数がe^yであることに注意すると、$dx = e^y dy$です。

これをdyについて解けば、

$$dy = \frac{1}{e^y}dx$$

ですが、$e^y = x$ですから、$dy = \left(\frac{1}{x}\right)dx$となり、

$$(\log x)' = \frac{1}{x}$$

です。逆関数の微分について、形式の持つ透明な美しさとわかりやすさを十分に鑑賞してください。

この式を使うと、(1)の証明ができます。

$y = x^\alpha$の両辺の対数をとると、$\log y = \log x^\alpha = \alpha \log x$となります。両辺の微分をつくれば、

$$\frac{1}{y}dy = \alpha\frac{1}{x}dx$$

ですから、

$$dy = \alpha\frac{y}{x}dx$$

$$= \alpha\frac{x^{\alpha}}{x}dx$$

$$= \alpha\, x^{\alpha-1}dx$$

となります。

(4)　三角関数の導関数は、次ページの図39で説明しましょう。

$\angle POS = x$とすると、弧PSの長さがxです。$PQ = h$とすれば、これは直線（接線）と見なせます。Pのy座標が$\sin x$、Qのy座標が$\sin(x+h)$ですから、

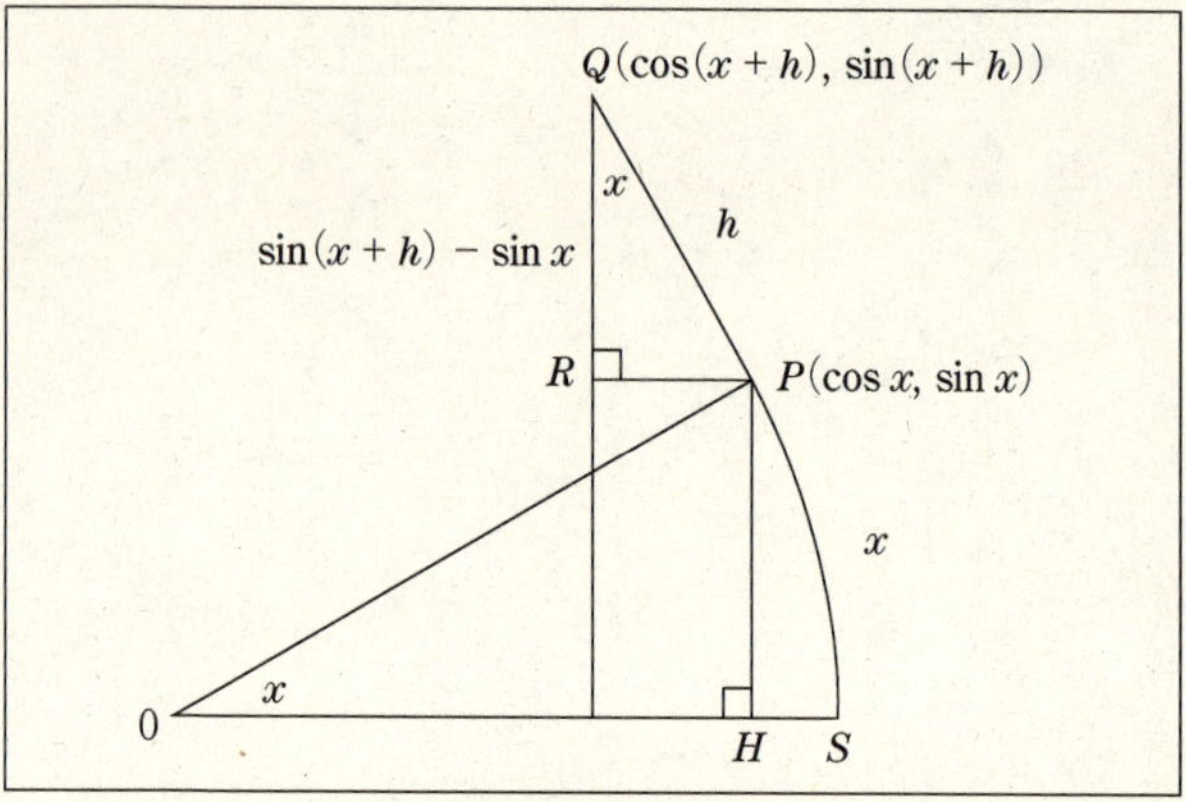

■図39

$$\frac{\sin(x+h)-\sin x}{h}=\frac{QR}{QP}$$

$$=\cos x$$

となります。二つの三角形ΔOPHと三角形ΔQPRが相似になっているのがポイントです。$\cos x$についても、同じような図で導関数の説明ができます。

また、$\tan x$については、文法編の商の導関数の公式を使って説明ができます。

$\sin x$、$\cos x$の導関数が周期的に変化していることは、ちょっと記憶しておいてください。

(5)　逆三角関数は、三角関数の逆関数ですから、$y=\sin^{-1}x \Leftrightarrow x=\sin y$でした。

この右辺の微分をつくると、$dx = \cos y\, dy$ ですから、

$$dy = \frac{1}{\cos y} dx$$

です。微分が、y の式で表されてはいけないという理由はありません。ですから、右の式は逆三角関数の微分を表す式なのですが、せっかく y を x の関数で表したのですから、微分の式も x で表したいと思います。

$\sin^2 y + \cos^2 y = 1$ ですから、$x^2 + \cos^2 y = 1$ となり、したがって $\cos y = \pm\sqrt{1 - x^2}$ となりますが、ここで、逆三角関数を定義したとき、$-\pi/2 \leqq y \leqq \pi/2$ と約束しました。この範囲では $\cos y \geqq 0$ ですから、$\cos y = \sqrt{1 - x^2}$ となり、

$$(\sin^{-1} x)' = \frac{1}{\sqrt{1 - x^2}}$$

が得られます。同様にして、

$$(\cos^{-1} x)' = -\frac{1}{\sqrt{1 - x^2}}, \quad (\tan^{-1} x)' = \frac{1}{1 + x^2}$$

が得られます。

初等関数についての基本単語はこれだけです。あとは文法と組み合わせることによって、初等関数の導関数が計算でき、微分 $dy = f'(x)dx$ を求めることができます。

【例】
$y = \log x$ の $x = 100$ での微分を求めよ。

【解】
$dy = \left(\frac{1}{x}\right)dx$ だから、$x = 100$ では $dy = \left(\frac{1}{100}\right)dx$ である。

この結果から、対数関数は $x = 100$ のあたりではほとんど変化しないことがわかります。たぶん、傾き $1/100$ の直線は、私たちにはほとんど x 軸に平行な直線に見えるに違いありません。したがって、このあたりで x が多少動いても、その対数 $\log x$ はほとんど変化しないのです。

このように、微分という考え方で関数の局所的な振る舞い方を分析することができます。

それが最初に大きな成果を上げたのは、高等学校で扱った関数の極値問題です。極値とは、その付近でxが変化してもyの値が変化しない場所にほかなりません。

したがって、関数が極値をとるところでは、$dy=0$が成り立っています。$dy=0$が微分の意味から、その点で関数の値が変化しないということを表していることに十分注意してください。

ところで、$dy=f'(x)dx$でしたから、これは$f(x)=0$となる点ということです。

このような点の近くを分析することにより、極値が求められることは高等学校で学ぶ微分積分学の基本テーマでした。

さて、微分という方法がもう一つ大きな成果を上げてきた、関数の展開ということを次に考えていきましょう。

関数を多項式で表す——関数のテイラー展開

前章で関数について考えたとき、初等関数の中で「実際に計算できる」関数は、多項式関数しかないといいました。

関数をブラックボックスと考えるのはとても有効な考え方ですが、多項式関数の場合はブラックではなく、その仕組みがよくわかっている関数なのです。ですから、多項式関数のわり算の形で表される分数関数も、関数の値を計算することができます。

しかし、無理関数になってくると、実際の数値を計算するのは少し難しくなります。$\sqrt{2}$の値なら、たいていの人は1.41421356……を、「一夜一夜に人見頃」と覚えているでしょうが、たとえば$\sqrt[3]{2}$の値をすぐにいえる人はそうはいないのではないでしょうか（ちなみに$\sqrt[3]{2} = 1.25992104$……です）。

これが、指数、対数関数や三角関数になるともっと大変です。

私たちは、普通は$\sin\left(\frac{\pi}{7}\right)$の値を知りませんし、計算する方法も知らないのです。その意味では、三角関数は本当にブラックボックスなのです。

単位円を正確に描いて測定するというのはジョークで、結局、初等関数といえども、関数の値を計算できるものは多項式関数しかありません。

そこで、指数関数や三角関数が多項式で表せないだろうか、ということを考えます。これを関数の**テイラー展開**といいます。多項式関数は、その係数がわかれば決まってしまいます。そこで、最初に多項式の係数がどう決まっているのかを考察しましょう。

普通、多項式は次数の高い項から書きますが、何次の関数になるかわからないということも考えに入れて、ここでは次数の低い項から書くことにして、多項式を$f(x) = a_0 + a_1x + a_2x^2 + a_3x^3 + a_4x^4 + a_5x^5 + \cdots\cdots$とします。

(1)定数項は、xに0を代入すると得られます。xを含んでいる項はすべて0になって消えてしまうからです。つまり$a_0 = f(0)$です。

(2)1次の項の係数を決めましょう。じつはとてもうまい方法があります。

多項式$f(x)$を微分すると、$f'(x) = a_1 + 2a_2x + 3a_3x^2 + 4a_4x^3 + 5a_5x^4 + \cdots\cdots$ですから、$x$に0を代入すれば、同様に$a_1 = f'(0)$です。

これでだいぶ仕組みがわかってきました。もう一度微分すると、$f''(x) = 2a_2 + 3 \cdot 2a_3x + 4 \cdot 3a_4x^2 + 5 \cdot 4a_5x^3 + \cdots\cdots$ですから、$x = 0$を代入すれば、$a_2 = \dfrac{f''(0)}{2}$です。以下、

この方法を続けていくと、$f(x)$をn回微分した関数を$f^{(n)}$と書くことにすれば、

$$a_n = \frac{f^{(n)}(0)}{n!}$$

が得られます。分母の$n!$は微分するごとに肩の指数が一つずつ前におりてくることから出てきます。結局、多項式$f(x)$の係数は、多項式を何回も微分して、その$x = 0$での値を計算すればいいのです。つまり、多項式関数$f(x)$について、

$$f(x) = f(0) + f'(0)x + \frac{f''(0)}{2}x^2 + \frac{f'''(0)}{3!}x^3 + \cdots\cdots$$

となっているのです。

以上の話は、多項式関数について成り立っているのですが、じつは一般の関数について同じような式が成り立ちます。これを**テイラーの定理**といいます。

この定理は、不思議なことですが、一般的に証明したほうが簡単なのです。そこで、最初に一般論を説明しましょう。

[定理]（テイラー　Ver.1）

何回でも微分できる関数について、

$$f(b) = f(a) + f'(a)(b-a) + \frac{f''(a)}{2!}(b-a)^2 + \frac{f'''(a)}{3!}(b-a)^3 +$$

$$\cdots\cdots + \frac{f^{(r)}(a)}{r!}(b-a)^r + \cdots\cdots + \frac{f^{(n)}(c)}{n!}(b-a)^n$$

となる $c(a < c < b)$ がある。

この定理は、**ロルの定理**の一般化と考えることもできます。実際、テイラーの定理の証明はロルの定理そのものなので、ロルの定理を復習しておきます。

[定理]（ロル）

微分できる関数について、$f(a)=f(b)=0$ なら、$f'(c)=0$ となる $c\,(a<c<b)$ がある。

高等学校では普通、この定理を、「x 軸から出発し、x 軸に戻る曲線には必ず山の頂上がある」という図を使って、直感的な証明をしています。

厳密な証明は本書では省略しますが（拙著『「無限と連続」の数学』〈東京図書〉を参照してください）、その代わりに、この定理の物理的な内容を説明しましょう。次の通りです。

「出発点と終点で停車している列車は、途中で加速度が0となる瞬間がある」

これがロルの定理の内容です。この場合、$f(x)$ は列車の速度を表す関数で、その導関数が加速度です。実際、加速度が正のままだったら、列車の速さは増す一方でしょう。したがって、どこかで加速度が0になる瞬間があるはずです。これがロルの定理の物理学的な内容です。

では、実際に加速度が0となる瞬間はいつだろうか。残念ながら、普通はその時間を指定することはできません。しかし、次のことだけはわかります。

それは、加速度が0となるのは、列車が最大速度を出した瞬間だということです。

なぜでしょうか。それは加速度とは、速度の変化率（速度を微分したもの）だということさえわかっていればわかります。つまり、最大速度を出した瞬間に加速度がプラスだと、次の瞬間にはもっと速くなっているはずですし、加速度がマイナスなら、一瞬前にはもっと速かったはずだからです。これが、加速度が速度の変化率だということの意味です。

いずれにしろ、その瞬間に最大速度が出たということに反します。

したがって、最大速度を出した瞬間に加速度は0になります。

実際、ロルの定理の数学的な証明は、$f(x)$が最大値を持つことを使って証明されますが、それはこのような物理的な状況を背景に持っているのです。

さて、ロルの定理を使えば、テイラーの定理は容易に証明できます。左ページを見てください。何のことはない、複雑な関数についてロルの定理を使っただけでした。

この式で、$a=0$、$b=x$とおけば、私たちがほしかった、次の定理が得られます。

【定理（テイラー　Ver.2）】

何回でも微分できる関数について、

$$f(x) = f(0) + f'(0)x + \frac{f''(0)}{2!}x^2 + \frac{f'''(0)}{3!}x^3 + \cdots\cdots$$

[テイラーの定理（Ver.1）の証明]

$$F(x)=f(b)-\{f(x)+f'(x)(b-x)+\frac{f''(x)}{2!}(b-x)^2+$$

$$\frac{f'''(x)}{3!}(b-x)^3+\cdots+\frac{f^{(r)}(x)}{r!}(b-x)^r+\cdots+k(b-x)^n\}$$

とおく。$F(b)=0$である。ここで、定数kを$F(a)=0$となるように選んでおく。すると、ロルの定理より$F'(c)=0$となるcがあるが、計算すると（この計算は難しくはありませんが少し煩雑です。上の式の導関数をていねいに計算してください）、

$$F'(x)=-\frac{f^{(n)}(x)}{(n-1)!}(b-x)^{n-1}+nk(b-x)^{n-1}$$

となり、$F'(c)=0$より

$$k=\frac{f^{(n)}(c)}{n!}$$

となる。ここでこのkについて、$F(a)=0$なので、求める式を得る。

証明終

■図40

$$+\frac{f^{(r)}(0)}{r!}x^r+\cdots\cdots+\frac{f^{(n)}(c)}{n!}x^n$$

となる $c(a<c<b)$ がある。

最後の項の c は x によって決まるので、つまり x の関数なので、残念ながらこの式は多項式ではありません。この項は $f(x)$ と多項式との違いを表す項で**剰余項**といいます。

しかし、もし $n\to\infty$ とするとき、剰余項が0に収束するなら、つまり、n をどんどん大きくしていくと、多項式と $f(x)$ との違いが検出できなくなるなら、これを……を使って、

$$f(x)=f(0)+f'(0)x+\frac{f''(0)}{2!}x^2+\frac{f'''(0)}{3!}x^3+\cdots\cdots$$

と書くことができ、$f(x)$ を（無限次元の）多項式として表すことができるでしょう。これを**マクローリンの定理**といい、関数をこのような（無限次元）多項式で表すことを $f(x)$ を、**マクローリン展開**するといいます。

マクローリンの定理は、ブラックボックスである関数 $f(x)$ の仕組みを明らかにし、ホワイトボックス化するといってもいいでしょう。この定理はとても強力な定理です。実際、

多くの初等関数がこの定理を使ってその仕組みを見ることができるようになるのです。

では、実際に関数を展開して仕組みを解明しましょう。

初等関数の展開

(1)指数関数 $y = e^x$

マクローリンの定理を見ると、関数の仕組みを見るのは容易で、結局のところ、何回も微分した関数の原点における値がわかればいいのです。

指数関数 $y = e^x$ は、微分しても変わらない関数でした。ですから、$(e^x)^{(n)} = e^x$ となり、$f^{(n)}(0) = e^0 = 1$ です。したがって、指数関数 e^x を展開すると、

$$e^x = 1 + x + \frac{1}{2!}x^2 + \frac{1}{3!}x^3 + \frac{1}{4!}x^4 + \cdots\cdots$$

となります。これが指数関数の仕組みです。

指数関数の場合は、どんな x についても、$n \to \infty$ とすれば、剰余項が0に収束することが知られています。

たとえば、$\sqrt{e}$の値を計算したければ、$x=\frac{1}{2}$を代入して、適当な項（たとえば4乗の項）まで計算すれば、$\sqrt{e}=1.6476\cdots\cdots$が得られます。もう少し精密に求めたければ、もっと先の項まで計算すればいいのです。

(2)三角関数 $y=\sin x$, $y=\cos x$

三角関数の導関数は、4周期で次のように変化していきます。

たとえば、$\sin x$から出発すれば、$\sin x$, $(\sin x)'=\cos x$, $(\sin x)''=-\sin x$, $(\sin x)'''=-\cos x$, $(\sin x)''''=\sin x$となり、4回微分するともとの$\sin x$に戻ってきます。

ですから、それに応じて、$\sin x$の導関数の値も、$\sin 0=0$, $\cos 0=1$, $-\sin 0=0$, $-\cos 0=-1$と0, 1, 0, -1を4周期で繰り返し、これより、$\sin x$の展開が得られます。

$$\sin x=x-\frac{1}{3!}x^3+\frac{1}{5!}x^5-\frac{1}{7!}x^7+\cdots\cdots$$

まったく同様にして、$\cos x$の展開も得られます。

$$\cos x=1-\frac{1}{2!}x^2+\frac{1}{4!}x^4-\frac{1}{6!}x^6+\cdots\cdots$$

これが三角関数の仕組みです。きれいですね。これで第3章で考えた問題の答えが出ました。この式を使えば、たとえば$\sin 1$の値を計算することができるのです。

$$\sin 1 = 1 - \frac{1}{3!} + \frac{1}{5!} - \frac{1}{7!} + \cdots\cdots = 0.81472\cdots\cdots$$

三角関数の場合も、剰余項は0に収束することが知られています。対数関数、逆三角関数も少しだけ条件をつければ展開することができ、関数の値の計算ができるようになります。結果を述べておきます。

(3) 対数関数 $y = \log(x + 1)$

対数関数の場合は、$x = 0$を代入することができません。それで1だけ左に平行移動した関数を展開します。残念ながら、剰余項がすべてのxについて0に収束するとはいえず、xに$-1 < x \leqq 1$という条件がつきます。

$$\log(x + 1) = x - \frac{1}{2}x^2 + \frac{1}{3}x^3 - \frac{1}{4}x^4 + \cdots\cdots \quad (-1 < x \leqq 1)$$

(4)逆三角関数 $y = \sin^{-1}x$

逆三角関数の例として、$\sin^{-1}x$ の展開をあげておきます。

$$\sin^{-1}x = x + \frac{1}{6}x^3 + \frac{3}{40}x^5 + \cdots\cdots \quad (-1 \leqq x \leqq 1)$$

対数関数は、残念ながらすべてのxで多項式に表せるというわけにいかず、xの範囲に制限がついていることに注意しましょう。それでも、これらの関数が展開できるということはとても大切です。

このように、微分を使ったテイラー展開は、関数の仕組みを知る上でとても役に立ちます。では、どんな関数でも、このようにしてブラックボックスの中味を知ることができるのでしょうか。

じつは、「何回でも微分できる関数はすべて展開できる」というのは、大変に荒っぽい表現でした。何回でも微分できる関数でも、剰余項、つまり、$f(x)$と多項式との違いを表す項が0に収束しなければ展開することはできません。

その意味では、多項式（無限級数）に展開できる関数は本当はごくかぎられていて、大部分の関数は展開できないと考えなければいけないのです。

しかし、先に説明したように、重要な初等関数はxの範囲に制限がつくことがあっても、すべて展開ができます。これは、私たちにとって大変に幸運でした。

どうしてそうなっているのかは、数学の問題ではなく、この世界の成り立ちの問題なのでしょう。初等関数は私たちの周りの世界の中に出てくる関数です。自然は「うまく」できていた、といういい方は読者のみなさんにとってどう響くでしょうか。

以上で、初等関数の仕組みの解明を終わります。普通、微分は関数の極値を求めることに使います。それはとても大切なことですが、ここで紹介した関数の展開もそれに劣らず大切なことなのです。

最後に、関数の展開を使ってわかるおもしろく大切な定理を紹介します。


【指数関数の展開】

$$e^x = 1 + x + \frac{1}{2!}x^2 + \frac{1}{3!}x^3 + \frac{1}{4!}x^4 + \cdots\cdots$$

のxにixを代入してみましょう。ただし、iは虚数単位で、$i^2 = -1$です。

iの累乗が$i^0 = 1$, $i^1 = i$, $i^2 = -1$, $i^3 = -i$, $i^4 = 1$……と4周期で繰り返すことに注意しましょう。

すると、

$$e^{ix} = 1 + ix + \frac{1}{2!}(ix)^2 + \frac{1}{3!}(ix)^3 + \frac{1}{4!}(ix)^4 + \cdots\cdots$$

$$= 1 + ix + \frac{1}{2!}i^2x^2 + \frac{1}{3!}i^3x^3 + \frac{1}{4!}i^4x^4 + \cdots\cdots$$

$$= 1 + ix - \frac{1}{2!}x^2 - \frac{1}{3!}ix^3 + \frac{1}{4!}x^4 + \cdots\cdots$$

となりますが、複素数の表記にならって実数部分と虚数部分を分けて書くと、

$$e^{ix} = \left(1 - \frac{1}{2!}x^2 + \frac{1}{4!}x^4 - \cdots\cdots\right) + i\left(x - \frac{1}{3!}x^3 + \frac{1}{5!}x^5 - \cdots\cdots\right)$$

となります。この実数部分、虚数部分をよく見ると、これは $\cos x$, $\sin x$ の展開式にほかなりません。

したがって、次のオイラーの定理が成り立つのです。

[定理（オイラー）]

$$e^{ix} = \cos x + i \sin x$$

これは、まことに不思議できれいな結果です。

虚数の世界では、指数関数と三角関数は「同じ仲間」であるという思いもかけないことがわかりました。

この事実一つをとってみても、虚数がどれほど大切であるのかがわかります。三角関数は周期的な変化、波の世界を分析する道具で、指数関数は一定の比で増加、減少する世界を表す関数です。これが同じ仲間だというのですから、ちょっとした手品のようです。

この右辺の式は、どこかで見覚えがないでしょうか？　そうです。この式は第1章で複素数の説明をしたときに出てきた、複素数の極形式表示にほかなりません。

絶対値がr、偏角がxの複素数は極形式で$r(\cos x + i \sin x)$と書けました。

つまり、この複素数は$z = re^{ix}$と書くことができます。複素数の極形式表示とは、結局、指数の形で複素数を表すということにほかならなかったのです。

ところで、オイラーの定理はとても多産で、ここからたくさんのことがわかります。ノーベル賞をとった物理学者のファインマンも、この定理を絶賛していたようです。

では、オイラーの定理から導かれる結果をいくつか紹介します。

$$e^{i\alpha} = \cos\alpha + i\sin\alpha$$
$$e^{i\beta} = \cos\beta + i\sin\beta$$

この式を辺々かけ合わせると、

$$e^{i\alpha}\cdot e^{i\beta}=(\cos\alpha+i\sin\alpha)(\cos\beta+i\sin\beta)$$

となりますが、左辺は指数法則で、

$$\begin{aligned}e^{i\alpha}\cdot e^{i\beta}&=e^{i\alpha+i\beta}\\&=e^{i(\alpha+\beta)}\\&=\cos(\alpha+\beta)+i\sin(\alpha+\beta)\end{aligned}$$

です。一方、右辺は $i^2=-1$ に注意して展開すると、

$$\begin{aligned}&(\cos\alpha+i\sin\alpha)(\cos\beta+i\sin\beta)\\&=(\cos\alpha\cos\beta-\sin\alpha\sin\beta)+i(\sin\alpha\cos\beta+\cos\alpha\sin\beta)\end{aligned}$$

となり、実数部分、虚数部分を比較して、

$$\cos(\alpha+\beta)=\cos\alpha\cos\beta-\sin\alpha\sin\beta$$
$$\sin(\alpha+\beta)=\sin\alpha\cos\beta+\cos\alpha\sin\beta$$

という**三角関数の加法定理**が得られます。つまり、加法定理は、複素数の世界での指数法則なのです。

次に、$e^{ix}=\cos x+i\sin x$ の x に $-x$ を代入すると、$e^{-ix}=\cos(-x)+i\sin(-x)$ となりますが、$\cos(-x)=\cos x$, $\sin(-x)=-\sin x$ に注意すれば、$e^{-ix}=\cos x-i\sin x$ となります。この二つの式をたすと、$e^{ix}+e^{-ix}=2\cos x$ ですから、

$$\cos x=\frac{e^{ix}+e^{-ix}}{2}$$

となり、たしかに三角関数が虚数を使って指数関数で表せます。同様に、

$$\sin x=\frac{e^{ix}-e^{-ix}}{2i}$$

となります。ここでは、虚数 i は $i^2=-1$ となる定数にすぎないことを強調しておきましょう。

もう一つ、オイラーの定理に $x=\pi$ を代入すると、$e^{i\pi}=-1$ というこれこそ本当に手品のような式が出てきます。二つの超越数 π、e と虚数単位 i との間には、こんな不思議な関係があるのです。この式も**オイラーの公式**といいます。

私たちが、虚数に何となく違和感を持つのは、虚数に親しんでいないからにすぎません。おそらく、最初に分数や小数に出合った小学生の子どもたちは、分数や小数に似たような感覚を持っているのでしょう。

しかし、その計算に慣れ、分数、小数と親しくなるとその違和感はだんだんと解消され、ごく自然な数に見えてきます。虚数も同じことです。オイラーの公式などを通して虚数の計算に慣れてくれば、虚数がどんなに有用な数なのかが見えてくるはずです。

ちなみに、$i^i=e^{-\frac{\pi}{2}}$ となることが、オイラーの公式からわかります。ちょっと考えてみてください。

もう一つ、オイラーの公式から出てくるド・モアブルの定理という大切な定理があるのですが、それは次章で作図と併せて紹介します。

積分と微分の関係

数学史的に見ると、微分という概念が現れるずっと前、すでにギリシア時代のアルキメデスに積分という考え方の萌芽が見られ、微分と比べると積分のほうがずっと古い歴史を持っていることがわかります。

細かく切ったものをたし合わせて全体の量を求めようというのが、積分の最も原始的な考え方とすれば、アルキメデスが考えた放物線で囲まれた部分の面積の求め方は、積分そのものといってもいいでしょう。

アルキメデスは、放物線で囲まれた部分の面積を、それを無限個の三角形に分けることによって求めたのです。

しかし、アルキメデスに欠けていたのは、積分が微分の逆演算となるという考えでした。「微分と積分は互いに逆の関係にある」、これを**微分積分学の基本定理**といいます。

この考え方が、近代的な微分積分学の根底を支えています。

アルキメデスが、あれだけ苦労して求めた放物線で囲まれた部分の面積は、いまでは普通の高校生に求めることができるようになりました。

これは、数学という形式が持つ威力を、微分積分学の基本定理が見事に表しているからにほかなりません。いわば、機械的な計算の持つ威力といってもいいでしょう。

しかし、微分を接線、積分を面積と考えていると、なぜ互いが逆の関係にあるのかはなかなか見えてきません。

機械的な計算はできても、その意味するところがよくわからない、こういう声は多くの

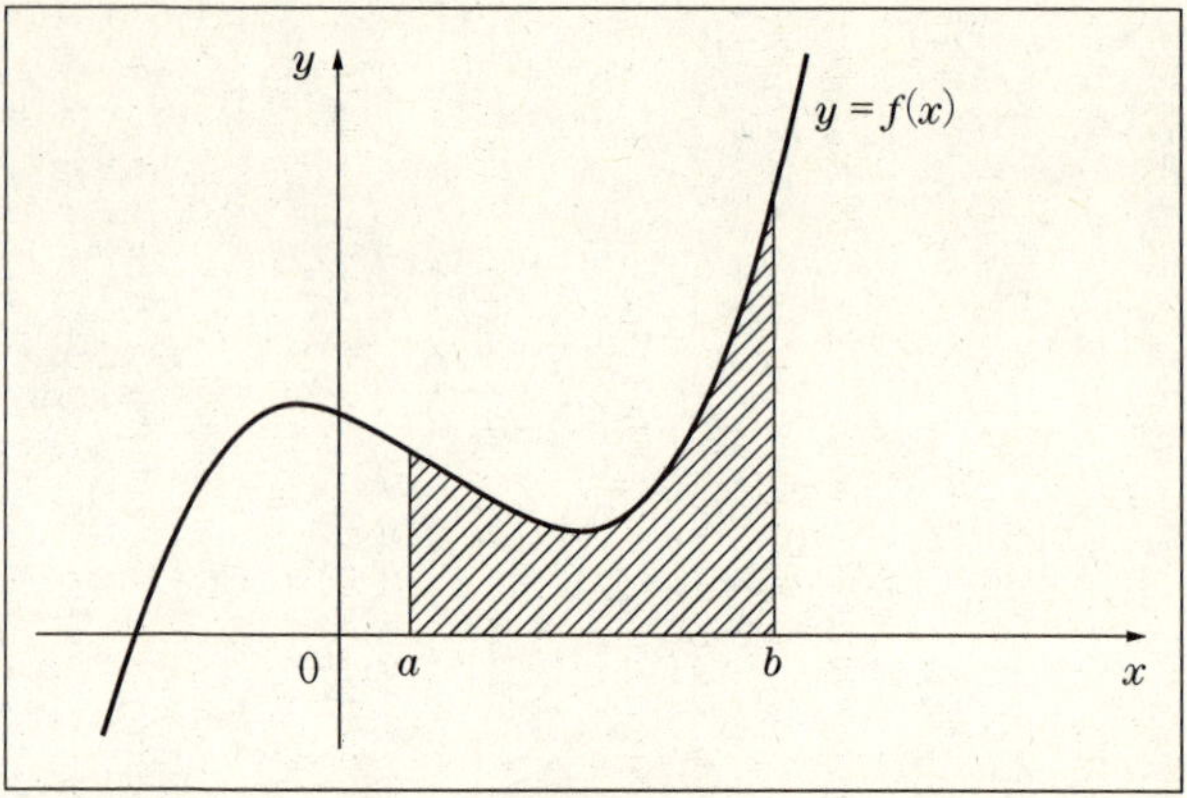

■図41

高校生、大学生、社会人から聞こえてきます。

そこで、この節では、この微分積分学の基本定理に焦点を絞って、積分とは何なのか、どうしてそれが微分の逆になるのかを説明しましょう。

積分とは

曲線 $y = f(x)$ と x 軸で囲まれた部分の「符号付き」面積を考えます。

これを関数 $f(x)$ の a から b までの**積分**といいます。

「符号付き」の意味は、グラフが x 軸の下側にある場合は面積をマイナスと考えるということです。積分が符号付き面積を表す数値であることに注意してください（図41）。

もう一つ、積分は関数だけで決まるもので

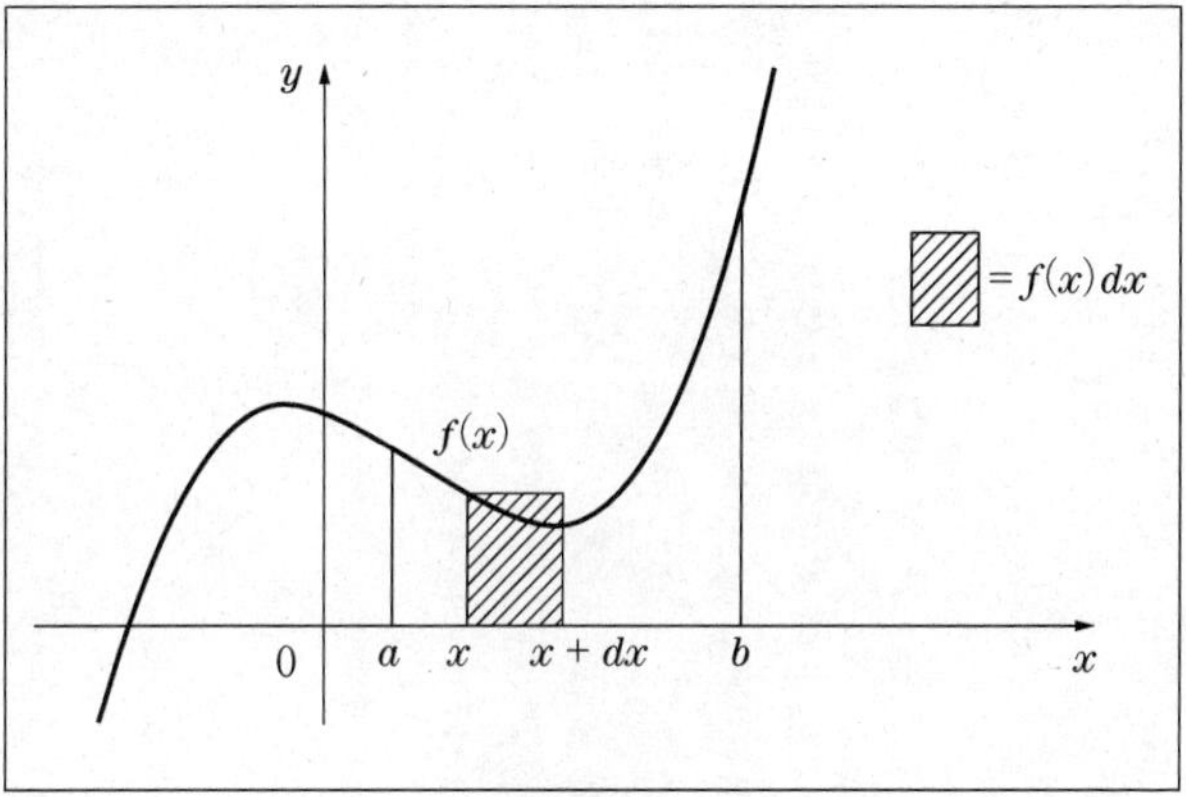

■図42

はなく、積分する場所、いまの場合はaからbまでの区間を決めてはじめて決まるものだということにも注意を払っておきましょう。これは積分の性質に深く関わってきます。

　$y = f(x)$とx軸の$a \leqq x \leqq b$で囲まれた部分の面積を考えましょう。

　この部分を小さな長方形に分割し、その長方形の面積をすべてたすことで、全体の面積を求めよう、これが近代的な積分計算の基本アイデアです（図42）。

　いま、xのところで、底辺の長さがdx、高さが$f(x)$の長方形を考えます。もちろんこの長方形の面積は$f(x)dx$です。

　このような小さい長方形の面積をaからbまで全部たすと、求める面積（の近似値）が出てきますが、長方形の底辺の長さdxをずっと短くしていけば、この近似値と本当の面積

との誤差は検出できないようになる（極限の最も基本的な考え方）。こうして面積が求まりますが、これを、

$$\int_a^b f(x)\,dx$$

と書いているのです。

ここでは、dxは、あるxを基点にしてxがどれくらい動いたかを表す新しい変数で、これは微分のところで説明したxの微分dxにほかなりません。

ところで、この小長方形の面積$f(x)\,dx$なのですが、この形式をどこかで見たことはないでしょうか。ちょっとわかりにくかったら、$f(x)$を具体的な関数、たとえばx^2で置き換えてみましょう。この場合はx^2dxです。

そうです。これは、関数$f(x)$の微分と呼んだdxについての正比例関数にほかなりません。

つまり、図42の式なら、$y = \frac{1}{3}x^3$について、$dy = x^2dx$ということです。一般に、関数$y = F(x)$について、$F'(x) = f(x)$なら$dy = F'(x)\,dx = f(x)\,dx$となります。これが微分積分学の基本定理の核心なのです。

どういうことかというと、小長方形の面積を表す式$f(x)\,dx$が、ある関数$y = F(x)$の微

分dyになっているのです。いい換えると、$f(x)dx$という式が、長方形の面積と微分という二つの解釈（意味）を持つということです。微分という概念を導入しておいた効果です。

したがって、小長方形の面積をすべてたすということは、微分dyをaからbまですべてたすということになります。

ところで、微分dyとは何だったでしょうか。それは、関数$y = F(x)$の変化量$F(x + dx) - F(x)$の近似値にほかなりません。

したがって、関数の変化量dyをaからbまでたすと、おのおのの変化量の総和、すなわち、$F(x)$のaからbまでの変化量がでてきます。$F(x)$のaからbまでの変化量とは、$F(b) - F(a)$にほかなりません。よって、

$$\int_a^b f(x)\,dx = F(b) - F(a)$$

となります。これが**微分積分学の基本定理**です。右辺は関数$F(x)$のaからbまでの変化量になっていることに注意しましょう。

したがって、積分の計算をするには、微分して$f(x)$となる関数$F(x)$が求まればよい。

この関数を$f(x)$の**原始関数**といい、原始関数を求めることを、本書では$f(x)$を**積分する**といいます。

以上の考察から、$f(x)$のaからbまでの積分の値を求めるには、$f(x)$の原始関数（これを**不定積分**ともいいます）が求まればいいことがわかりました。普通は原始関数を、

$$\int f(x)\,dx$$

という記号で表します。

これは大変に素晴らしいことでした。アルキメデスが、巧みな技巧を凝らして放物線で囲まれた部分の面積を求めたのに対して、私たちは特別な技巧を考えることなく、原始関数を求めるという計算によって、積分の値を求めることができるようになったのです。

もちろん、個々の問題を技巧を凝らして解くのはとても楽しいことではあるのですが、積分を計算という意味で無味乾燥な手続きの問題に還元できたのは、別の意味でとても大切なことだったのです。では、その原始関数はどうやって求めればいいのでしょう。

原始関数を求める

微分するという操作について考えたとき、微分は「文法編」と「単語編」に分かれていて、文法はたかだか5個の規則、単語については初等関数の導関数さえ計算できれば、あ

とはどのような初等関数でも微分できることを説明しました。では積分はどうでしょうか。

(1)積分の文法

微分の文法を逆に見ると、積分の文法になります。たとえば、

$$\int (f(x)+g(x))\,dx = \int f(x)\,dx + \int g(x)\,dx$$

です。和の関数の原始関数を求めるには、おのおのの原始関数が求まればよいのです。

ところで、この見方を積の微分の公式に当てはめてみると、

$$\int f(x)g'(x)\,dx = f(x)g(x) - \int f'(x)g(x)\,dx$$

が得られます。これを**部分積分の公式**といいます。

ところが、この公式は和の公式と少し意味が違っています。よく観察してみると、この公式は、$f(x)g'(x)$の原始関数を求めるには$f'(x)g(x)$の原始関数が求まればよい、といっています。

積の因子$f(x)$と$g'(x)$の原始関数が求まれば、積$f(x)g'(x)$の原始関数が求まるとはい

っていないことに十分注意しましょう。微分のときは、積の因子の関数の導関数が求まれば、$f(x)g(x)$ の導関数が求まったのでした。したがって、積分の計算は、微分の計算のときのように、機械的に公式に当てはめることができないのです。

商の微分公式も、逆に見て積分の公式に書き直すことはできますが、こちらは部分積分の公式よりもっと実用性に乏しく、普通は公式とはいわないのです。試しに機械的に書いてみれば、

$$\int \frac{f'(x)}{g(x)}\,dx = \frac{f(x)}{g(x)} + \int \frac{g'(x)f(x)}{g^2(x)}\,dx$$

となりますが、この公式（?）を、左辺を求めるには右辺を求めればいい、と読んでも実用性が全くないことがおわかりと思います。

つまり、積分の文法公式は、機械的に当てはめて計算できるという性質のものではないのです。

これは微分公式と全く違う点で、「逆」の計算が「順」の計算よりはるかに難しいという端的な例になっています（かけ算よりわり算のほうが難しい！　のですが、微分と積分ではわり算よりかけ算のほうが難しいのです）。

(2) 積分の単語

では、初等関数の原始関数はどうでしょうか。

多項式関数は、和の公式と次の公式を用いて原始関数を求めることができます。

$$\int x^{\alpha}dx = \frac{1}{\alpha+1}x^{\alpha+1} \quad (\alpha \neq -1)$$

$$\int \frac{1}{x}dx = \log x$$

この二つの公式と、

$$\int \frac{1}{1+x^2}dx = \tan^{-1}x$$

を使うと、すべての分数関数が積分できることが証明できます（本書では証明は割愛します）。

ところが、無理関数になると、すでに初等関数の範囲内では積分できないものが現れます。これらを**楕円積分**といいます。

一般に指数関数、対数関数、三角関数、逆三角関数を含む関数は、ほとんどすべて初等関数の範囲内では積分できません。これは少し不思議なことです。なぜなら、高等学校で学ぶこれらの関数はみな、積分できたのではないでしょうか。しかし、数学的に見ると、これらの関数は初等関数全体から見ると、無に等しいほどの量しかないのです。参考までに、初等関数の範囲内で積分できない簡単な関数をあげておきます。

$$\frac{e^x}{x},\ \frac{\sin x}{x},\ e^{x^2},\ \frac{\log x}{x+1}$$

これらはすべて、初等関数の範囲内では原始関数を持ちません。微分積分学の基本定理は、微分と積分の関係を表すとても大切な定理です。

しかし、実用という面から見ると、ほとんどすべての初等関数の原始関数は求まらないという大きな欠点があります。欠点をあまりいい立てるのはどうかと思うので、ちょっと弁明しておくと、$f(x)$が連続関数ならその原始関数は必ず存在します。問題は、初等関数の中に存在しないということです。

しかし、積分は微分よりはるかに素朴なアイデアで始まりました。ですから、たとえ原始関数が求まらなくても、積分の値を計算することはできる、これは積分を考えるときつねに考慮しておかなければならない大切な事実です。

第5章

形と幾何学

証明という方法

数学は、数千年の歴史を持つ人類最古の文化の一つですが、日本語で数学というと、「数の学問」という意味合いが強くなりそうです。

実際は、形を扱う幾何学も数学の大きな分野で、これが古代エジプトに始まり、ギリシアで大きく開花したのはだれでもよく知っています。

エウクレイデス（ユークリッド）が書いたとされる『原論』がその集大成でした。もっとも、『原論』は必ずしも幾何学だけを扱っているわけではなく、今日いうところの比例論や無理数論なども扱っていますが、それらはすべて幾何学的な装いのもとで議論されています。あるいは、第1章で述べた「アルキメデスの原理」と同じ内容が述べられている章もあります。

エウクレイデスの『原論』で展開された幾何学が、その後の数学のありようを方向付けたこともたしかです。その最も大きな影響は、「証明」という数学独自の方法の確立にありました。

「証明」とは何でしょうか。それは、数学独特の「ある事実が正しいことを説明する方法」です。

普通、自然科学では、ある事実が成り立つということは「実験」という方法、あるいは実際の「観測」という方法でたしかめられます。

物理学の歴史の中では、実験が重要な役割を果たしたことがたびたびあります。

光を伝達する仮想の物質「エーテル」が存在するかどうかを実験したマイケルソン・モーリーの実験は有名ですし、相対性理論による光の曲がりを皆既日食の実測によって確認したエディントンも有名です。

あるいは、社会科学では、理論が正しいかどうかはそれが現実の社会をうまく説明できるかどうかによります。

したがって、それらの分野では、正しいということはある意味では相対的です。

実際、実験でたしかめることができそうもないビッグ・バンという宇宙生成の理論も、真実性が高い仮説ということになるのでしょうし、進化論を実験でたしかめることはたぶん不可能でしょう。

自然科学は、多くの状況証拠を固めることで、それらの理論の正しさを保証してきたのです。

しかし、数学の説明である「証明」は、それらとは少し違っています。

古い数学観では、数学の証明はその事実の絶対的な正しさを保証するものとされました。

それは、だれでもが正しいと認める事実、これを**公理**といいますが、この公理から出発し、**演繹**という方法で正しい事実の連鎖をつくるというものです。

演繹とは、「Aである。AならばBである。したがってBである」という推論をいいます。この推論がなぜ正しいのかは、もうそれ以上の説明はできません。

しかし、だれでもがこの論理の正しさは認めるに違いありません。

演繹という論理は、人という生物の中に自然に備わっていた仕組みなのだと思います。

したがって、最初の公理が正しければ、演繹の連鎖で導かれた事実はすべて正しいということになります。

現代数学では、公理はだれでもが正しいと認める事実ではなく、理論の出発点となる「約束」と考えられています。

つまり、この場合は「AならばBである。したがって、Aが正しいとするならBも正しい」という推論になります。

数学の証明は、Bが正しいことを保証しているのではなく、Aが正しいとすればBも正しいということを保証しているのです。もう少しかみ砕いていうなら、「AだとすればBだけど、Aかどうかは責任を持たないよ」ということでしょうか。

ところで、インドや中国など、それぞれの古代文明が独自の数学文化を持った中で、なぜ古代ギリシア数学だけが証明という方法を持つに至ったのかについては、多くの数学史家が考察しています。

一つの見方は、パルメニデスやゼノンに代表されるエレア派の哲学者の存在です。

ゼノンのパラドックスは有名ですが、代表的なものを一つ紹介しておきましょう。

みなさんは、**アキレスと亀**の話をご存じでしょうか。

ギリシア神話の中で、足の速いことで知られるアキレスと、歩みののろい代表である亀が競走をします。しかし、ゼノンは次のような論理で、アキレスは亀を追い越すことができないと主張するのです。

「亀のほうがのろいのだから、少しハンディキャップをつけて、亀はアキレスの前からスタートすることにしよう。

さて、アキレスが亀に追いつくためには、ともかく、亀のいたところまで進む必要がある。

しかし、アキレスがそこに着くと亀はすでにもう少し先まで進んでいる。さらにアキレスがその亀のところまで行っても、亀はもっと先まで進んでいる。こうして、アキレスが亀に追いついたと思っても、亀はつねにその先まで進んでいて、アキレスが亀に追いつくことはない」

何となくおかしい。現実には決して起こらないことです。しかし、このゼノンの論理を論理で論破しようとすると結構難しいのです。

このような哲学者もいたので、ギリシアでは議論の相手を説得する論理が発達し、現在でいう公理に基づく議論と証明という手段が発展したのではないか、というのが一つの考え方です。実際、エウクレイデスの『原論』は、次のような議論から始まります。

『原論』の公理

『原論』では、まず、これから使う言葉の意味をきちんと決めるとして、何の前触れもなく23個の**定義**をあげます。定義とは、「言葉の意味を決めるための言葉」です。これがちょっと不思議な構造をしていることに注意してください。

「『〝言葉の意味を決めるための言葉〟の意味を決めるための言葉』の意味を……」となると、どこまでも際限なくさかのぼらなくてはなりません。

　ですから、定義は本質的に不完全です。どこかでこの鎖を断ち切って、説明することをあきらめなければならない言葉にぶつかります。

『原論』の定義の中には、有名な「点とは部分を持たないものである」とか、「線とは幅のない長さである」などがありますが、そこでは「部分」とか「幅」などの言葉の説明はしていないのです。

「点」という言葉と「部分」という言葉のどちらのほうが説明が難しいかは、大いに議論のあるところでしょう。

というわけで、現代数学では、「点」とか「直線」を無定義用語として、それらの意味を説明することをやめてしまいました。

少し極端なことをいえば、点とは何でもいいのです。

しかし、これはあまりにも極端な意見で（数学者ヒルベルトはそのような意見を述べたことがあるようですが）、実際は私たちは定義されなくても、点とはどんなものかをそれとなく知っていると思いますが、ともかくも『原論』はこのようにしてはじまるのです。

次に、どんな人でも正しいと認める一般的な事柄を公理と呼ぶとして、次の九つをあげます。

公理1　同じものに等しいものはまた互いに等しい

公理2　また等しいものに等しいものが加えられれば、全体は等しい

公理3　また等しいものから等しいものがひかれれば、残りは等しい

公理4　また不等なものに等しいものが加えられれば全体は不等である

公理5　また同じものの2倍は互いに等しい

公理6　また同じものの半分は互いに等しい

公理7　また互いに重なり合うものは互いに等しい

公理8　また全体は部分より大きい

公理9　また2線分は面積をかこまない

（『ユークリッド原論』共立出版、中村・寺阪・伊東・池田訳。以下、『原論』からの引用はすべて同書から）

どうでしょうか。ここにあげられている九つの事柄に反対を唱える人はいないと思われます。ただ、現在の目から見ると、全体がややバランスを欠いているような感じもあります。

なぜ2倍だけをとくに取り出したのだろうか、3倍だっていいのではないか、たぶんいまの高校生なら、この公理を「同じものの n 倍は互いに等しい」と表現できるでしょう。しかし、ギリシアでは、文字を使って数字を表すことがありませんでした。ここでも文字の使用がいかに数学の世界を広げたかがわかります。

あるいは、9番目の公理は、それ以前の八つの公理とは少し異質な感じがある、それ以前の8個の公理は一般的なことをいっているように見えるが、9番目の公理は線分という特別な形についての性質をいっているようだ、などいろいろな意見が浮かびます。

これらは、9番目を除いては数学のことだけをいっているのではなく、一般的な性質をいっているようです。

ユークリッドの『原論』には、この九つの公理に先だって、五つの公準と呼ばれる性質があげられています。

現在の数学では公理と公準を区別しないので、普通はこの五つをユークリッド幾何学の公理といいます。

私たちが、普通にユークリッド幾何学の公理と呼んでいるのは、この五つの公準のことです。ではその五つの公理を紹介しましょう。

次のことが要請されているとせよ

公理1　任意の点から任意の点へ直線を引くこと

公理2　および有限直線を連続して一直線に延長すること

公理3　および任意の点と距離（半径）とをもって円を描くこと

公理4　およびすべての直角は互いに等しいこと

公理5　および1直線が2直線に交わり同じ側の内角の和を2直角より小さくするならば、この2直線はかぎりなく延長されると2直角より小さい角のある側において交わること

一読して、公理の1から4まではいかにも当たり前で、だれでも納得できる事実を述べているようです。

この中では、第4公理の「直角はすべて等しい」が目をひきます。直角とはどういう角なのでしょう。「90度の角」というのは答えにならないということはすぐにわかります。「度」という単位が何なのかが決まらないかぎり、この説明はうまくありません。『原論』では、**直角**を次のように定義しています。これは原論の定義の10番です。

「直線が直線の上に立てられて接角を互いに等しくするとき、等しい角の双方は直角であり、上に立つ直線はその下の直線に対して垂線と呼ばれる」

これが『原論』の直角の定義です。角を測っているわけではないことに注意しましょう。直角を、角の絶対単位ということがあります。それは、直角という角が、角の測り方によらず決まってしまうからです。これを度で測って90度と呼んでも、あるいはラジアンで測って$\pi/2$ラジアンと呼んでも直角に変わりはありません。つまり、直角は角の大きさを測る共通の単位になりうるのです。

しかし、私たちのユークリッド幾何学では、長さについてはこのような絶対単位がないのです。測り方によらずこの長さを共通の単位としようという約束はできない、これはなかなかおもしろい事実です。

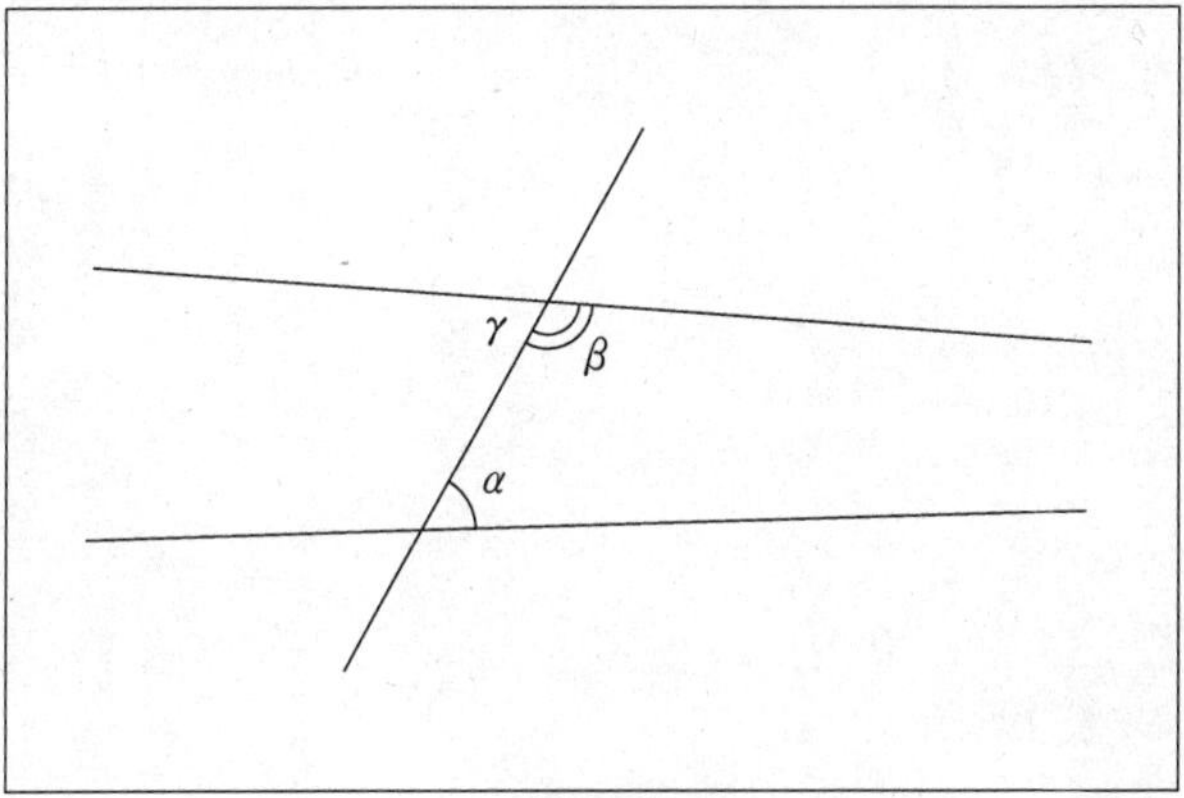

■図43

平行線の公理

さて、この第5番目の公理を**平行線公理**といいます。

この公理は、その後の数学に大きな影響を与えました。この五つの公理を見ればすぐにわかりますが、この第5公理だけはほかのものとだいぶ違っています。

ほかの公理が簡潔に何かの事実を述べているのに対して、第5公理だけはおそろしく持って回ったようないい方をしていて、おそらく図を描かないと何をいっているのかよくわからないのではないかと思います。

上の図で、印をつけた二つの角αとβが同じ側の内角です。また、違う側の内角、図のαとγなどを**錯角**といいます。普通、私たちは、平行線公理としては次のものを学びます。

［平行線公理　Ver.2］

「直線外の1点を通り、その直線に平行な直線はただ1本ある」

このいい方はとてもわかりやすいですが、これはずっとあとにプリーフェアという数学者がいい換えたものです。また、錯角という言葉を使えば、

［平行線公理　Ver.3］

「平行ならば錯角が等しい」

ということもできます。『原論』では、最初に平行線を定義します。「平行線とは、同一の平面上にあって、両方向にかぎりなく延長しても、いずれの方向においても互いに交わらない直線である」

これが平行線の定義です。少し注意深い人なら、この定義がはらんでいる問題点を指摘できるかもしれません。それがユークリッドの第5公理の問題とからんでいるのです。

その問題点とは何でしょうか。

じつは、ここには姿を変えた無限の悪魔が潜んでいました。

ギリシア数学が、注意深く無限の問題を避けてきたことはよく知られています。

■図44

最初にあげたゼノンのパラドックスも、無限の問題を含んでいました。無限を不注意に扱うと、いろいろな問題を引き起こすことをギリシアの人は知っていたのでしょう。

では、平行線の定義の中に潜んでいる無限とは何でしょうか。

ある仙人がいいました。

「わしは不老不死じゃ」

さて、仙人はこの言葉が正しいことを証明できるでしょうか？

非ユークリッド幾何学の発見

図44の2本の直線は平行でしょうか？

定義に当てはめるために、少し延長してみましょう。交わりません。

でも、もう少し延長したら交わるかもしれ

ません。もう少し延長してみましょう。まだ交わりません。それでも平行といい切るには少し不安があります。

では、どれくらい延長すればいいのでしょう。そうです。結局どこまで延長しても２直線が交わらないということは、検証不可能なのです。

これが平行でないならどこかで交わり、交わってしまえば検証作業は終わります。しかし、平行の場合、たとえ直線をノートをはみ出して延長して交わらなかったとしても、1 km先では交わるかもしれないという可能性を捨てることができません。10 km先でも１００km先でも交わらないという保証を何かの形で取り付けておかないかぎり、平行ということの定義と実験だけからは、２本の直線が平行かどうかはわからないのです。

ここに、数学という学問が実験では検証できないという大きな特徴が現れています。平行線公理は、この直線の無限延長を角度を測るという操作で保証している公理だと見ることができます。

もちろん実際の測定には誤差が付き物ですが、理論的には平行線の公理によって、延長という無限操作を、角を測るという実行可能な手続きに置き換えて考えることができるようになります。これがユークリッドの平行線公理の一つの役割です。

ところで、直線外の1点を通り、その直線に平行な直線が少なくとも1本あるということは平行線公理なしで証明できます。

それは、錯角が等しくなるようにひいた直線が平行になることが、平行線公理なしで証明できるからです。つまり、

「錯角が等しければ平行である」

が証明できるのです。

証明は、**背理法**を使い、三角形の外角がその内対角より大きくなることを使います。この証明には平行線公理が必要ありません。この証明はそれ自身がおもしろいので、あとで紹介します。

しかし、この命題の逆、「平行なら錯角が等しい」、つまり、対偶をとると、「錯角が等しくないなら平行でない」は、平行線公理なしでは証明できないのです。

おそらく古代ギリシアの数学者たちも、この命題を証明しようとして努力し、結局、証明ができずにそれを公理として採用したのでしょう。つまり、平行線公理はこの対偶命題そのものでした。

平行線公理を、ほかの公理から証明しようとした数学者は大勢いました。とくに、この公理を背理法で証明しようとした発想は、とてもおもしろいものでした。

背理法は帰謬法《きびゅうほう》ともいい、次のような証明方法です。

命題Aを証明するために、Aでないと仮定して、そこから矛盾を導く。その結果、仮定Aでないは間違いで、Aが成り立つことがわかる。これが背理法です。

高校生なら、$\sqrt{2}$が無理数であることの証明に背理法が使われたことを知っているでしょう。

平行線公理を背理法で証明する。つまり、平行線の公理を否定して、そこから得られる命題を調べていく。このとき矛盾した命題が出てくるなら、最初の仮定、すなわち平行線公理の否定が間違いであり、平行線公理が成り立つ――これが背理法のアイデアです。

これは、じつに規模雄大なアイデアです。普通の背理法が単なる命題の成立に関わっているのに対して、この背理法はユークリッド幾何学全体の成立に関わっていると考えられるからです。

ところが、ここに一つの落とし穴がありました。数学以外のほかの自然科学では、事実と異なる結果が得られるような理論は間違いです。

しかし、数学ではたとえ見かけ上事実と異なるようなおかしな結果が得られたとしても、それだけでは矛盾とはいえません。

直線外の１点を通り、その直線に平行な直線が２本以上あるという仮定の下では、たとえば、三角形の内角和が１８０度より小さい、とか、相似な三角形は存在しないとか、ちよっと常識からははずれた結果が証明できます。

しかし、それは私たちの常識に反しているというだけで、数学的な矛盾とはいえないのです。

数学的な矛盾とは、Aであると同時にAでないということが出てきてはじめていえることでした。

$\sqrt{2}$が無理数であることの証明も、割り切れないとすると割り切れる、あるいは偶数だとすると奇数になるという矛盾でした。

しかし、多くの数学者はユークリッドの呪縛を断ち切ることができず、常識と異なる結果をもって矛盾を発見したと思ったのです。

その呪縛を断ち切り、平行線公理を否定しても矛盾のない新しい幾何学ができるということを発表したのは、若き二人の数学者、ハンガリーの**ボヤイ**（１８０２－１８６０）とロシアの**ロバチェフスキー**（１７９３－１８５６）でした。

ここに、**非ユークリッド幾何学**（双曲幾何学）という新しい幾何学が誕生したのです。

では最後に、「錯角が等しければ平行である」ことの平行線公理を使わないユークリッドの証明を、現代風に書き直したものを紹介します。

三角形$\triangle ABC$の辺BCを延長して直線BDを作るとき、$\angle ACD$を**外角**といい、向かい合う二つの角$\angle BAC$, $\angle ABC$をその**内対角**といいます（図45）。

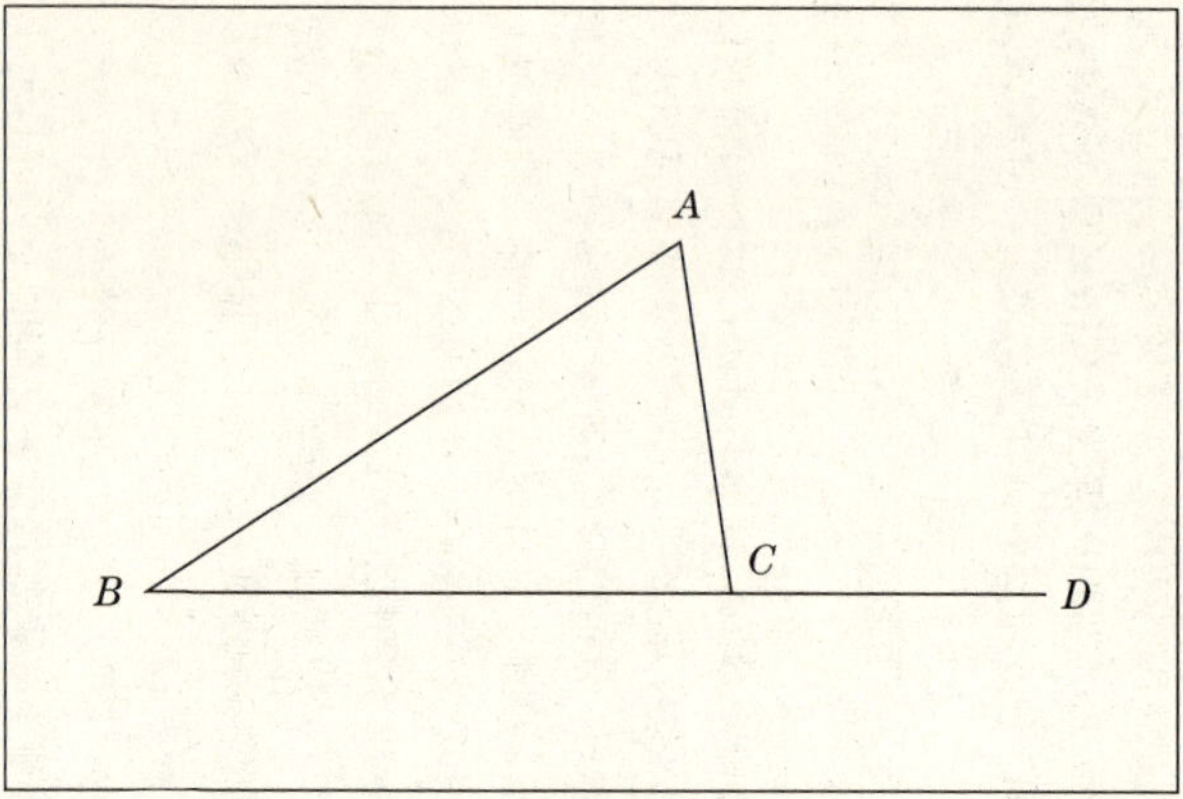

■図45

（注：幾何学者故寺坂英孝先生は、本当は外角ではなく外接角というほうが、誤解がなくわかりやすいという主張をされていました。私もそう思いますが、ここでは慣例に従い、これを外角と呼びます）

すべての証明が、平行線公理を使っていないことに注意してください。

まず、図46を証明します。続いて錯角が等しければ平行であることを証明します（図47）。

正多角形と作図

ユークリッドの『原論』は、最後に五つの**正多面体**にふれて終わります。

五つの正多面体とは、**正４面体**、**正６面体**、**正８面体**、**正12面体**、**正20面体**です。

正６面体は、普通は**立方体**といいます。

[補助定理]　三角形の外角はその内対角より大きい

[証明]

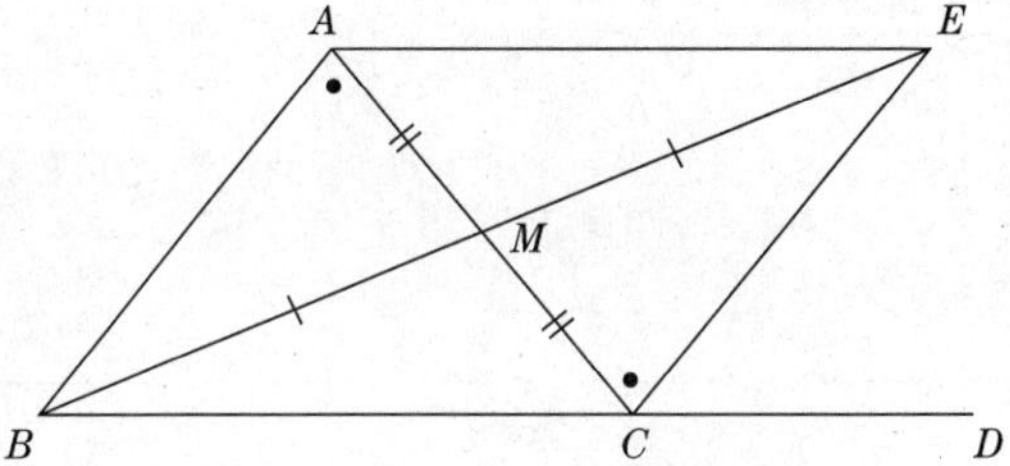

辺 AC の中点を M とし、BM を2倍に延長した点を E とする。このとき、2辺夾角の合同定理により、

$$\Delta ABM \equiv \Delta CEM$$

である。したがって、$\angle ACE = \angle CAB$ となり、

$$\angle ACE < \angle ACD$$

すなわち、外角は内対角より大きい。

[証明終]

■図46

[証明]

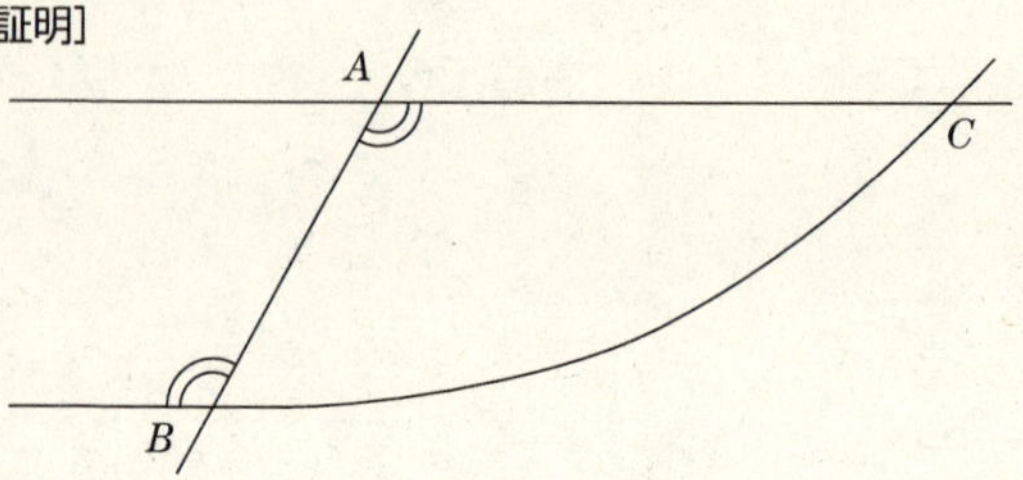

背理法による。錯角が等しいにも関わらず平行でないとする。したがって、どちらかの側に三角形ΔABCができるが、これは補助定理に反する。

[証明終]

■図47

この五つの立体は、昔から美しい形として、たくさんの人の興味と関心をひいてきました。

古くは、天文学者ケプラーが、太陽系の構造を入れ子になっている正多面体で表現しましたし（次ページのイラスト）、現代の画家ダリは正12面体をモチーフにした不思議な絵を描いています。

正多角形を立体化したものが正多面体です。最初に正多角形をきちんと定義しておきましょう。

[定義]

すべての辺と内角が等しい多角形を正多角形という。

正多角形については、その形がきれいな対称形になっていることで、昔から多くの数学

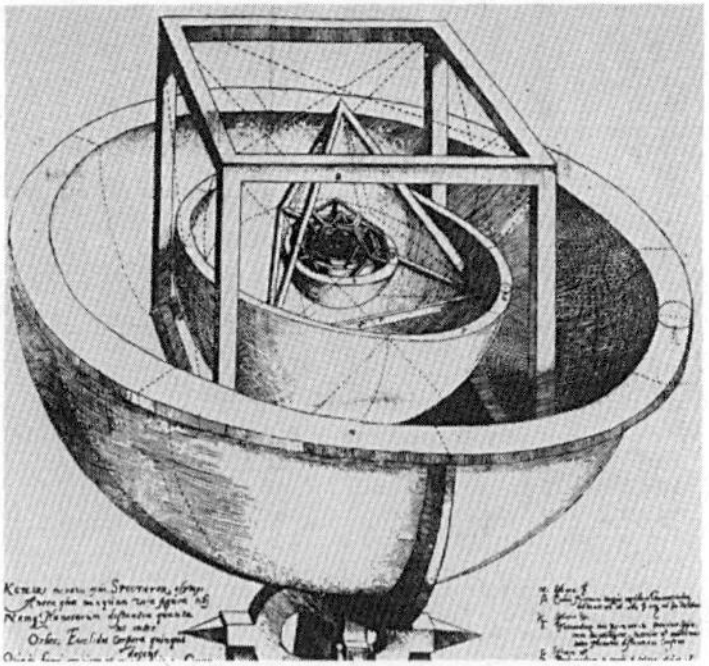

ケプラー『宇宙の神秘』より

者や芸術家の注意をひいてきました。

正多角形の図をきちんと描こうというのは、大勢の人の関心事だったろうと思います。

すべての辺が等しいだけでは、正多角形になりません。正三角形だけは辺が等しいだけで決まりますが、ほかの正多角形は辺だけの条件、あるいは角だけの条件では揺らいでしまい、形が一定に定まらないのです。

たとえば、ひし形は、すべての辺の長さが等しい四角形ですし、長方形はすべての角が等しい四角形です。

多くの人が、中学、高校時代に、コンパスと定規で正多角形を作図した経験があると思います。正三角形や正六角形の作図は簡単ですが、正五角形の作図はそれほど簡単ではありません。少し手の込んだ方法で作図されます。

では、正七角形は作図できるでしょうか？

もう少し一般的に、どんな正多角形がコンパスと定規で作図できるのでしょうか？

作図については、ユークリッド以来、数学では厳密なルールが決められていました。

作図とは、「コンパスと定規を何回か使って、求める図を作ること」をいいます。

コンパス、定規を無限回使うことはできませんし、これ以外の道具を使うことも許されません。また、定規の目盛りも使えない、ましてや、三角定規やT定規、分度器などもってのほか！　ということになります。ですから、数学での作図は、実用的な意味合いよりは数学的なパズルという感覚が強くなります。

したがって、逆に、定規はどんなに離れた2点でも、それらを結ぶ直線を引くことができるし、コンパスはどんなに大きな半径の円でも描くことができるとします。

現実の定規はそんなに長くありませんから、あまり離れた2点を結ぶことはできません。しかし、数学ではそのようなことを考えなくてもいいことにしました。

作図についてはユークリッド以来、**ギリシアの三大作図問題**という難問がありました。これはコンパス、定規を規定通り用いて、

①**角の3等分問題**……与えられた角を3等分すること

②**立方倍積問題**……立方体の体積を2倍にすること

③**円積問題**……円と同じ面積の正方形を作ること

という問題です。これらは2000年以上の年月をかけて、いずれも作図が不可能であることが証明されたことで有名です。

これは、たとえば角の3等分線がどうしても引けないということではありません。角の3等分線は、定規の目盛りをうまく使うと引くことができます。ここで作図ができないというのは、コンパス、定規を規定通り使ったのでは作図できないという意味です。

作図できるとは？

では、「作図ができる」とはどういう意味なのでしょう。

定規は直線を引く道具、コンパスは円を描く道具です。

ところで、座標平面上では、直線は1次方程式、円は2次方程式で表されます。

ですから、それらの交点を求めながら、作図したい図をだんだんと描いていくということを方程式の言葉でいい換えれば、

「作図とは与えられた長さから、連立1次方程式や連立2次方程式の解で表される長さを順につくっていくこと」

にほかなりません。

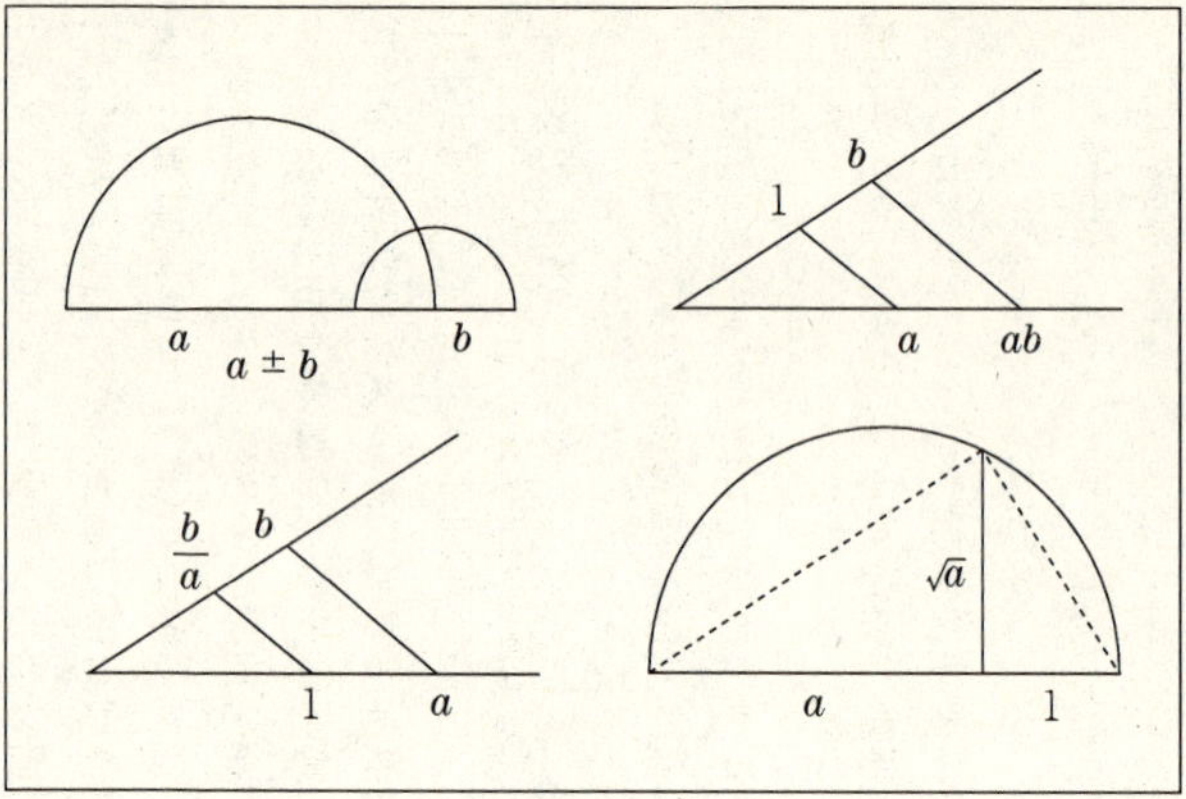

■図48

方程式の章でもお話ししたように、１次方程式の解は係数の四則だけで求めることができますし、２次方程式の解は係数の四則と平方根をとる（**開平**という）演算で求めることができます。

ですから、作図できる長さはこれら、四則と開平演算の積み重ねでできていますが、逆にこれらの積み重ねでできる数（長さ）は作図することが可能です。この作図を**基本作図**といいます。

a、bが与えられた長さのとき、それぞれの作図法を図48に示しました。

この図を見ていると作図方法がわかると思いますが、加減算は簡単です。

乗除算は相似三角形の相似比を用いています。また、開平計算は半円の円周角が直角であることを使い、相似比を使います。

以上のことから、数学的な作図とは、

「作図可能⇔図に必要な長さが与えられた長さから、四則と開平の繰り返しでつくれる」

ということになります。では、これから実際に正五角形の作図を考えてみましょう。

正五角形の作図

簡単にするため、正五角形の一辺の長さを1としておきます。このとき、正五角形を作図するにはどんな長さが必要でしょうか。

次ページの図49を見ればわかるとおり、正五角形は、対角線の長さが作図できれば作図できます。正五角形の一辺の長さを1としたことに注意しておきます。

対角線の長さを x として、$\triangle ABC$ と $\triangle ADB$ が相似であることを使うと、

$$1 : x = (x - 1) : 1$$

ですから、$x^2 - x - 1 = 0$ となり、これを解いて対角線の長さが、

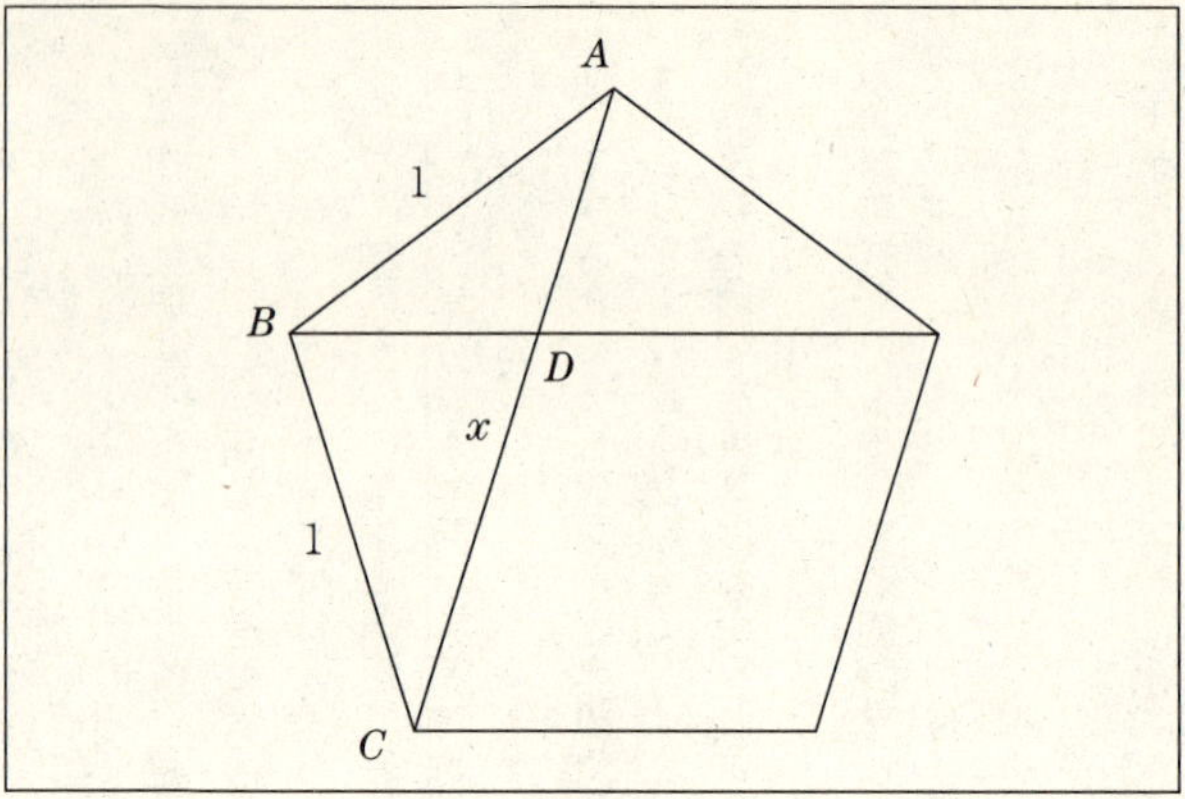

■図49

$$x = \frac{1 \pm \sqrt{5}}{2}$$

となりますが、もちろん対角線の長さは正なので、

$$x = \frac{1 + \sqrt{5}}{2}$$

となります。

この長さは四則と開平だけでできていますから、コンパス、定規で作図可能です。

これをなるべく簡単につくるようにしたのが、中学校などで学ぶ正五角形の作図法ですが、手間を惜しまないのなら、$\sqrt{5}$の長さを作図すれば対角線の長さが作図できます。$\sqrt{n}$の作図に関しては、図50のようなきれいな方法があります。

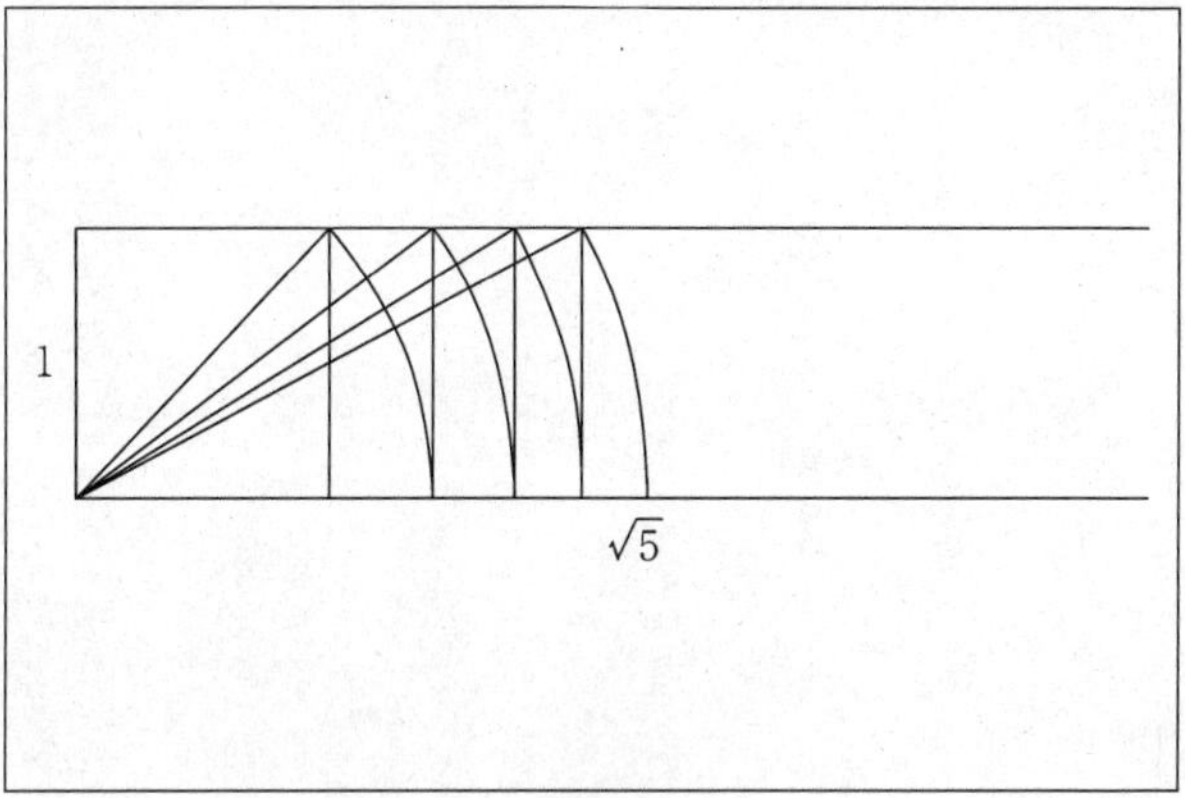

■図50

この値、$x=\frac{(1+\sqrt{5})}{2}$を黄金比といいます。

だいたい1.618……位の値になりますが、昔から調和のとれたきれいな比の値として知られています。

パルテノンの神殿やミロのビーナスなどに、この比が使われているといわれています。

ところで、正多角形の作図と方程式$x^n-1=0$との間には、とてもきれいな関係があります。それを次に紹介しましょう。

円周を n 等分する方程式

前の章で、三角関数と指数関数の間に成り立つとてもきれいな関係「オイラーの公式」を紹介しました。虚数iを使うと、$e^{ix}=\cos x+i\sin x$が成り立つというものでした。

この式の両辺を n 乗すると、指数法則を使って、$e^{inx} = (\cos x + i \sin x)^n$ となりますが、この式の左辺をもう一度オイラーの公式に当てはめれば、$e^{inx} = \cos nx + i \sin nx$ ですから、

$$(\cos x + i \sin x)^n = \cos nx + i \sin nx$$

という式が得られます。この公式を**ド・モアブルの公式**といいます。

さて、方程式 $x^n - 1 = 0$ を考えましょう。この方程式が、$x = 1$ という答えを持っていることは見ればわかります。この方程式の $x = 1$ 以外の答えは、$n \geqq 3$ なら複素数になり、その複素数は絶対値が1なので、$z = \cos\theta + i \sin\theta$ という形をしています。

ですから、ド・モアブルの定理から、

$$z^n = \cos n\theta + i \sin n\theta = 1$$

となりますが、$1 = \cos 2\pi + i \sin 2\pi$ なので、右の式を満たす一番小さい角をθとすれば、

$$\theta = \frac{2\pi}{n}$$

となります。つまり、この方程式の答え $z=e^{i\theta}$ は、円周を n 等分している点（複素数）になります。

一般に、方程式 $x^n-1=0$ の解は1の n 乗根ですが、この中で、とくに n 乗したとき初めて1になるものを、**原始 n 乗根**といい、原始 n 乗根だけを解とする方程式（多項式）を**円周等分多項式**といいます。

ここでは、原始にこだわらずに方程式 $x^n-1=0$ を考えましょう。

この方程式の答えが複素平面上に作図できれば、正 n 角形が作図できるのです。虚数単位 i は作図できることに注意してください。

こんなところを見ても、虚数が実在しない数であるという見方が少しおかしいことがわかります。実在しない数が作図できるわけがありません！

さて、この方程式を通して、正多角形の作図を見るとこんな具合になります。

(1)正三角形

$x^3-1=0$ は因数分解して $(x-1)(x^2+x+1)=0$ だから、複素数の答えは2次方程式 $x^2+x+1=0$ の答えです。もちろん、2次方程式の答えは作図できますから、正三角形が作図できます。実際、この答えは、

$$z = \frac{-1 \pm \sqrt{3}\,i}{2}$$

で、たしかに四則と平方根でできています。

(2) 正方形

円周等分方程式は $x^4 - 1 = 0$ ですが、これは因数分解して、

$$(x-1)(x+1)(x^2+1) = 0$$

ですから、答えは1、-1、i、$-i$ ですべて作図できます。では正五角形はどうでしょう。

(3) 正五角形

円周等分方程式は $x^5 - 1 = 0$ です。因数分解して、$(x-1)(x^4+x^3+x^2+x+1) = 0$ です。問題は、この2番目の因数である4次方程式の答えがどうなるかです。

このように、x^n から $x^0 = 1$ までの項がすべてそろって係数が1である方程式を**相反方程式**といいます。この方程式には伝統的な解法があります。それは中央の項で全体を割り、

方程式を$t = x + \frac{1}{x}$の方程式に直すことです。実際、この方程式の答えは0ではないので、全体をx^2で割ると、

$$x^2 + x + 1 + \frac{1}{x} + \frac{1}{x^2} = 0$$

となります。ここで$x + \frac{1}{x} = t$とおけば、両辺を2乗して整理すれば$x^2 + \frac{1}{x^2} = t^2 - 2$ですから、もとの方程式は$t$についての2次方程式$t^2 + t - 1 = 0$となり、これを解いて$t = \frac{(-1 \pm \sqrt{5})}{2}$となりますが、この$t$に対して方程式、

$$x + \frac{1}{x} = t$$

は、分母を払って2次方程式、$x^2 - tx + 1 = 0$となり、この2次方程式を解くと（複号はすべて＋を取りましょう）、

$$x = \frac{1}{2}\left(\frac{\sqrt{5}-1}{2} + \sqrt{\frac{5+\sqrt{5}}{2}}\,i\right)$$

となり、たしかにxは四則と開平だけで表されています。したがって、このxは作図可能で、結局、正五角形は作図可能なのです。

この方法はたしかに一般的ではありますが、対角線の長さを計算して正五角形を作図した方法のほうが簡明です。しかし、一般論には一般論のよさがあります。

最後に、正七角形がコンパスと定規では作図できないことを示してみましょう。

(4)正七角形がコンパスと定規では作図できない理由

正七角形の場合は、円周等分方程式は$x^7-1=0$となりますから、因数分解して$(x-1)(x^6+x^5+x^4+x^3+x^2+x+1)=0$となり、やはり相反方程式$x^6+x^5+x^4+x^3+x^2+x+1=0$が、四則と開平で解ければいいことになります。

セオリーにしたがって$x+\frac{1}{x}=t$とおいて、tの方程式に直すと、

$$x^2+\frac{1}{x^2}=t^2-2,\ x^3+\frac{1}{x^3}=t^3-3t$$

ですから、もとの方程式は t についての3次方程式 $t^3+t^2-2t-1=0$ となります。

結局、この3次方程式の答えが四則と開平で表されないことがわかると、正七角形はコンパスと定規では作図できないということになります。

さて、これをどうやって示したらいいでしょう。

数学が証明という手段を発明したときから、ずいぶんと時がたっています。その間にいくつもの証明の技法が開発されましたが、その中で最も大切なものが背理法と帰納法です。ここでは、この二つを組み合わせて証明をします。

全体の計画は背理法です。この方程式が、四則演算と開平を何回か組み合わせて解けたとしましょう。使われた開平算の回数を n 回とし、最後に使われた開平算だけを取り出します。すると、方程式の解は $x=a+b\sqrt{c}$ という形になるはずです。これが仮定です。

このとき、$x=a-b\sqrt{c}$ も、もとの方程式の解になることを示しましょう。

$x=a+b\sqrt{c}$ がもとの方程式の答えなので、これを方程式に代入して、

$$(a+b\sqrt{c})^3+(a+b\sqrt{c})^2-2(a+b\sqrt{c})-1=0$$

となりますが、展開、整理して、

$$(a^3 + 3ab^2c + a^2 + b^2c - 2a - 1) + (3a^2b + b^3c + 2ab - 2b)\sqrt{c} = 0$$

となります。このとき、もし$\sqrt{c}$の係数が0でないと、この式は、

$$\sqrt{c} = -\frac{a^3 + 3ab^2c + a^2 + b^2c - 2a - 1}{3a^2b + b^3c + 2ab - 2b}$$

となって、最後の開平計算はほかの係数の四則計算で表されて、いらないことになってしまいます。したがって、$\sqrt{c}$の係数は0で、

$$a^3 + 3ab^2c + a^2 + b^2c - 2a - 1 = 3a^2b + b^3c + 2ab - 2b = 0$$

となります。すると、もとの方程式に$a - b\sqrt{c}$を代入した値は、$(a^3 + 3ab^2c + a^2 + b^2c - 2a - 1) - (3a^2b + b^3c + 2ab - 2b)\sqrt{c}$となり、0になることがわかります。つまり$x = a - b\sqrt{c}$ももとの方程式の答えになります。

さて、3次方程式は三つの答えを持ち、その解の和は解と係数の関係からt^2の係数にマイナスをつけたものです。

いま、二つの答えがわかっているので、もう一つの答えをγとすると、$(a + b\sqrt{c}) + (a$

$-b\sqrt{c}$）$+\gamma=-1$となり、$\gamma=-2a-1$となります。

これは何を意味するのでしょう。

方程式の解γは、解$a+b\sqrt{c}$に比べて平方根を使っている回数が少なくなっています。つまり、もとの方程式が、開平計算がn回現れる答えを持つなら、それより少ない回数の開平計算しか使わない答えが必ずあるということにほかなりません。

この議論を繰り返すと、結局、もとの方程式は平方根（開平計算）を使わないで表せる答え、つまり有理数（分数）を答えとして持つことになります。

ところが、既約分数q/pがこの方程式の答えになっているとすれば、代入して分母を払うと、$q^3+pq^2-2qp^2-p^3=0$ですから、$q^3=p(p^2+2pq-q^2)$となり、pはqの約数でなければなりません。

既約分数で分母pが分子qの約数になるのは$p=\pm1$のときしかなく、したがって、もとの方程式は整数の答えを持つことになります。

ところが、関数$f(t)=t^3+t^2-2t-1$のグラフを書いてみればわかるように（次ページ図51）、$f(t)=0$は整数の答えを持たず、これで矛盾が出ました。

証明の最後の部分は、$\sqrt{2}$が分数でないことを証明したときと同じ論法を少し複雑にしたものです。

同じような方法で、角の3等分線がコンパスと定規では作図できないということも証明

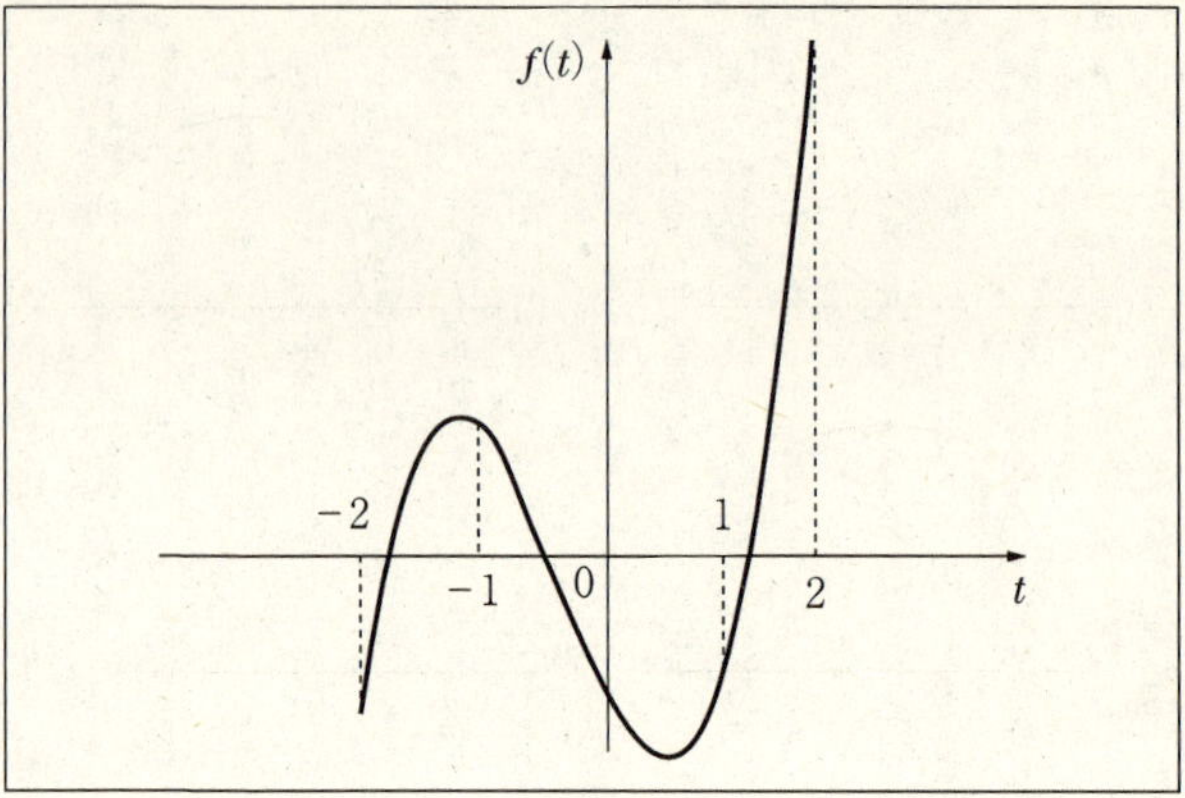

■図51

できます。

今度の場合も、角の3等分のコンパス・定規による作図の不可能性は、ある3次方程式（角の3等分方程式といいます）の解が作図できないことの証明に帰着します。

円周を等分する方程式は、古くから研究されてきた大切な方程式です。この方程式がどのような場合に作図できる答えを持つのかは、現在ではきちんとわかっています。

それを証明したのはガウスです。

ガウスは19歳のとき、正17角形がコンパスと定規で作図できることを証明し、さらに一般に $n = 2^{2^m} + 1$ が素数のとき、正 n 角形が作図できることを示しました。

このような素数を最初から並べると、3, 5, 17, 257, 65537, ……となります。

でも、正257角形を描いてみても、これ

はほとんど円と変わらないでしょうね。ほとんどというのは控えめで、円だ！　といい切ってもいいくらいです。

ましてや、正65537角形がコンパスと定規で作図可能といわれても、まったく実感がありません。

しかし、数学はこういう「役にも立たないこと」を基礎工事として、全体の建物が立っているのです。現在の文明が数学を抜きにしては考えられないことを思うと、これは本当に不思議なことだと思います。

現在、$n = 2^{2^m} + 1$ が素数であることがわかっているのは、3, 5, 17, 257, 65537 しかありません。これ以外は素数にはならないのではないかと予想されています。

正多面体とオイラーの公式

エウクレイデスの『原論』が、最後に五つの正多面体にふれて終わることはすでに紹介しました。

正多角形は無限にたくさんありますが、その立体版である正多面体は全部で5種類しかありません。

それに関連して、オイラーが発見した多面体に関するオイラーの公式といわれるものが

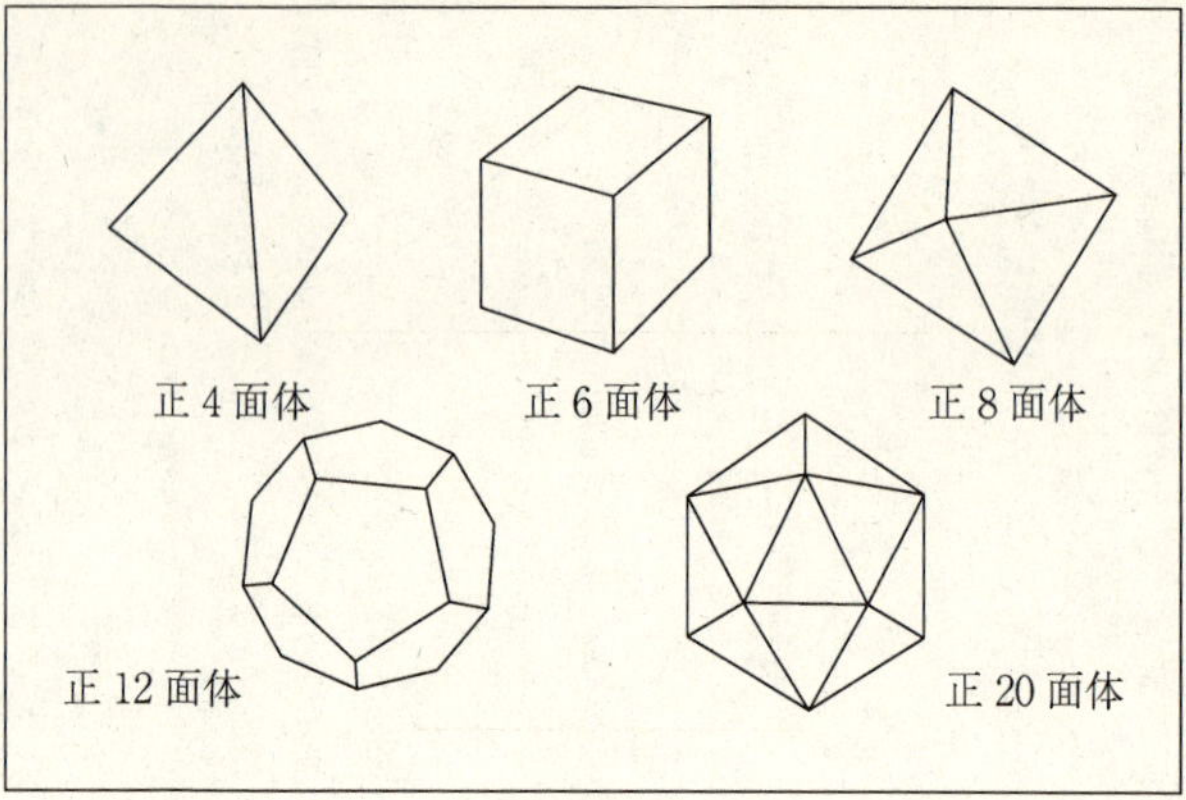

■図52

あります。この節ではそれを紹介しましょう。

五つの正多面体とは、先に述べたように正4面体、正6面体、正8面体、正12面体、正20面体です（図52）。

それぞれ、正三角形、正方形、正五角形の面を持っていますが、これらの立体の頂点、辺、面の数を数えてみます（図53の表）。

この表を見ていると、いろいろなことがわかります。このような表から、その間に潜んでいる関係を洞察することも数学の能力の一つです。

たとえば、正6面体と正8面体の頂点と面の数がちょうど入れ替わっている、同じことが正12面体と正20面体にもいえる、正4面体では頂点と面の数が同じであるなどです。

これは、正多面体の**双対性**という性質の一つの現れです。

正多面体	頂点の数	辺の数	面の数
正4面体	4	6	4
正6面体	8	12	6
正8面体	6	12	8
正12面体	20	30	12
正20面体	12	30	20

■図53

正6面体の各面の中心に点をとり、それを結ぶと正8面体になる、逆に正8面体の各面の中心に点をとり、それを結ぶと正6面体になるというのが、図として見た双対性です。

正12面体と正20面体でも同じことがいえます（次ページ図54）。

また、正4面体で同じことをやると、正4面体自身ができます。これを正4面体は**自己双対**であるといいます。

ところで、この表にはもう一つとてもきれいな性質が潜んでいるのです。

多面体についてのオイラーの公式

この表で、頂点の数－辺の数＋面の数を計算してみると、どの正多面体でも、すべて2になります。

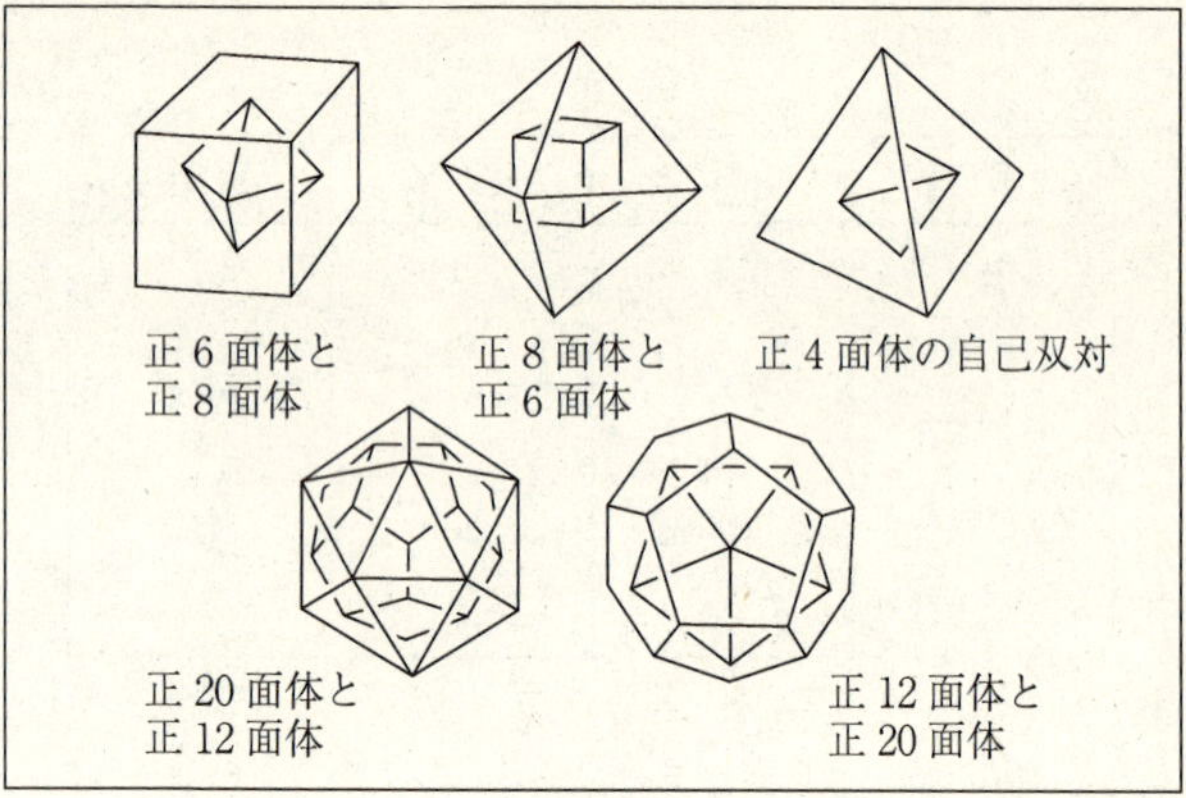

■図54

これは、膨らませると球面になる多面体に特有の性質で、この2という数をそのような多面体の**オイラー標数**といいます。

試しに、正多面体ではなくて、しかも膨らませると球面になるような多面体で計算してみると、5角錐なら、頂点が6個、辺が10本、面が6枚でたしかに頂点の数－辺の数＋面の数＝2となっています（図55）。

つまり、次の定理が成り立ちます。

【定理】（多面体についてのオイラーの公式）

膨らませると球面になる多面体について、その頂点の数、辺の数、面の数には、「頂点の数－辺の数＋面の数＝2」という関係がある。

なぜこんなきれいな事実が成り立つのでし

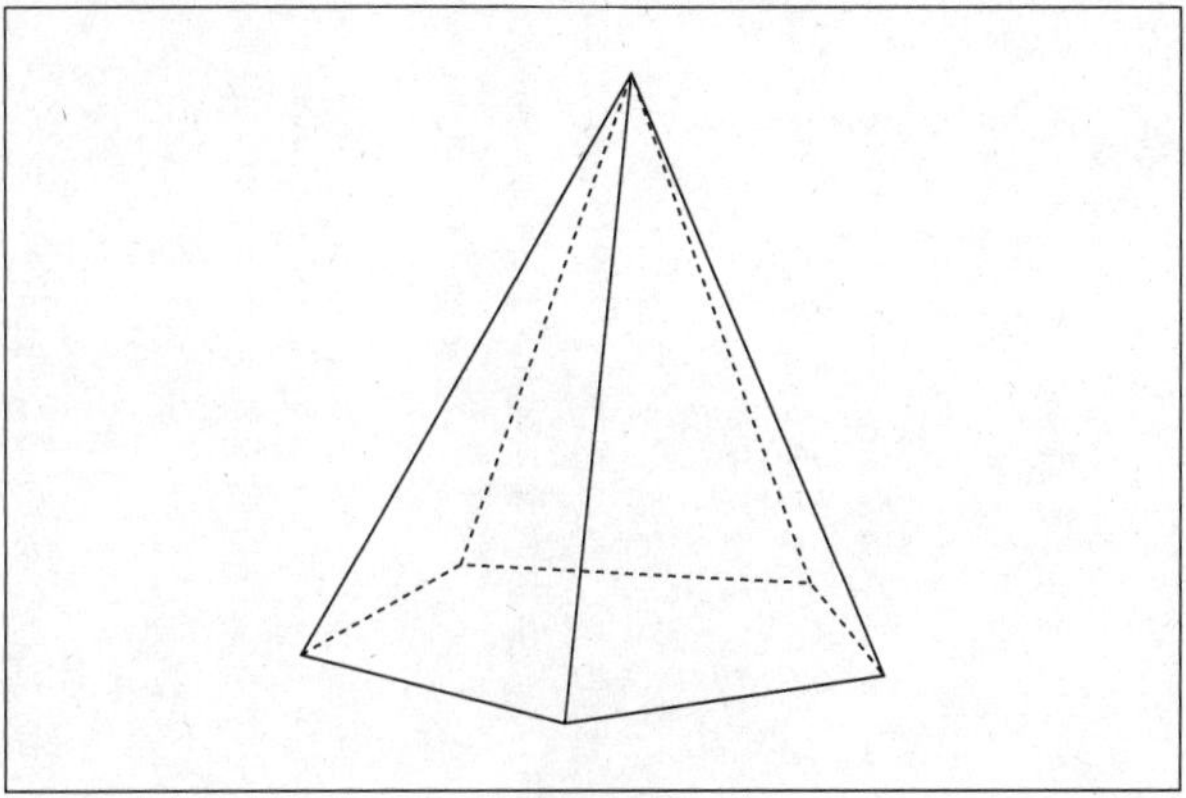

■図55

ようか。これは、いわば**超・植木算**とでも呼ぶべき式です。

植木算の基本は、池の周りをぐるっとひと回り植木を植えるときは、植木の数と間の数が同じになるが、直線道路に植木を植えると（道路の両端には必ず木を植える）、植木の数は、間の数より1多くなるということです。

これを多角形の辺と頂点の数について当てはめると、どんな多角形でも頂点の数－辺の数＝0という式が成り立ちます。

当たり前のことですが、次のような説明ができます。

「多角形の辺の本数をn本とする。このとき、辺の両端は頂点だから、頂点は$2n$個になるが、こうすると、頂点が2回ずつ重複して数えられることになる。だから頂点の数は$2n/2=n$個となり、頂点の数−辺の数＝0が成り立つ」

ここで大切なのは、ものの個数を数えるとき、重複して数えたときはそれを引くということです。少し一般的に、個数を数えるとき、たしたり引いたりして補正をしていくことを**包除原理**といいます。これは、数え上げの基本の一つになっています。

そして、このように次数に応じて要素をたしたり引いたりしていくことを、**交代和**をとるといいます。

この考えを、正多面体に適用してみましょう。たとえば、正12面体の場合、それぞれの面は正五角形で、各頂点で3枚の面が交わっています。

面の数をnとすると、頂点は一つの面で数えると$5n$個ですが、頂点では3枚の面が交わっているので、頂点数は3重に数えられ、したがって頂点の数は$5n/3$個、一方、一つの辺は2枚の面の共通辺で、各面は五角形ですから、辺の数は$5n/2$本となります。

ですから、オイラーの公式は、

$$\frac{5n}{3}-\frac{5n}{2}+n=\frac{n}{6}$$

となるのですが、正12面体は12枚の面を持つので、この値が2になっているのです。

ほかの正多面体についても、同じように包除原理を使った考え方でオイラーの公式を説明することができます。

しかし、面の形が一定でないほかの多面体については、同じような考え方は難しそうです。

ところが、この公式には**トポロジー**という数学を使ったとてもおもしろい証明があるのです（図56）。トポロジーは、形のつながり方を調べる数学で、連続的に変形しても変らない図形の性質を調べています。オイラーの公式が、多面体をゆがめても変らないことに注意してください。

ここに出てくる2という数字が、多面体に関するオイラー標数です。多面体のオイラー標数は、その後のトポロジーに大きな影響を与えた重要な指数になりました。

オイラーの公式はいろいろなところで使われますが、ここでは包除原理を使ったもう一つのちょっとおもしろい図形の性質を紹介しましょう。

多角形の内角和と外角和

小学校で多角形について学んだとき、多角形の外角の和がどんな多角形でも一定で360度になることや、三角形の内角の和が180度になることを学びました。

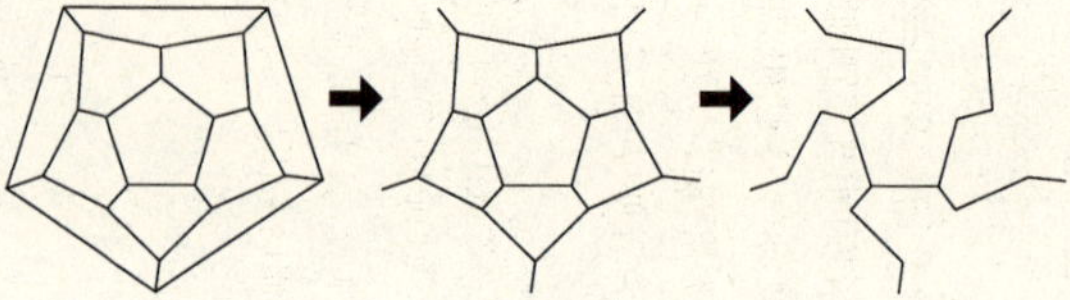

残った形は、いくつかの頂点をいくつかの辺で結んだ拡大折れ線である。これを**ツリー**という。

さて、ツリーについてその端の点を一つ取り外し、一緒に辺をとってしまう。すると、頂点が一つ少なくなり、辺が1本少なくなる。したがって、「頂点の数－辺の数＋面の数」は全体として変化しない。これを繰り返すと、最終的に全体はただ一つの点（頂点）になる。

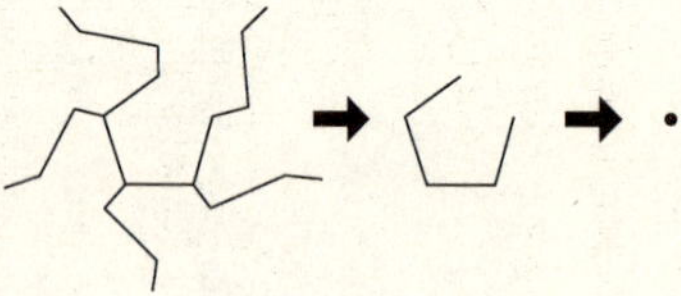

よって、この場合は、「頂点の数－辺の数＋面の数＝1－0＋0＝1」となり、証明された。

［証明終］

［オイラーの公式の証明］

膨らませると球面になる多面体をPとする。P全体がゴムでできていると考えよう。いま、その一つの面を切り取り（辺は残しておく）、その穴から多面体全体を平面上に広げる。

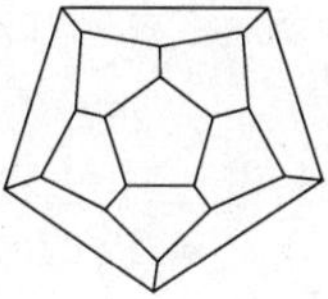

すると、多面体は平面上の網目になる。この網目は、切り取った面と同じ数の辺を持つ多角形の内部に線が入ったものである。このとき、もとの多面体に比べて面の数が一つ減り、頂点、辺の数は変わらないことに注意しよう。したがって、この場合はオイラーの公式は、「頂点の数－辺の数＋面の数＝１」となる。この式を示そう。

平面に展開した多角形の外側の辺を取り外す。すると面が１枚少なくなり、辺が１本少なくなる。したがって「頂点の数－辺の数＋面の数」は全体として変化しない。これを繰り返して、すべての面を取り除いてしまう。

■図56

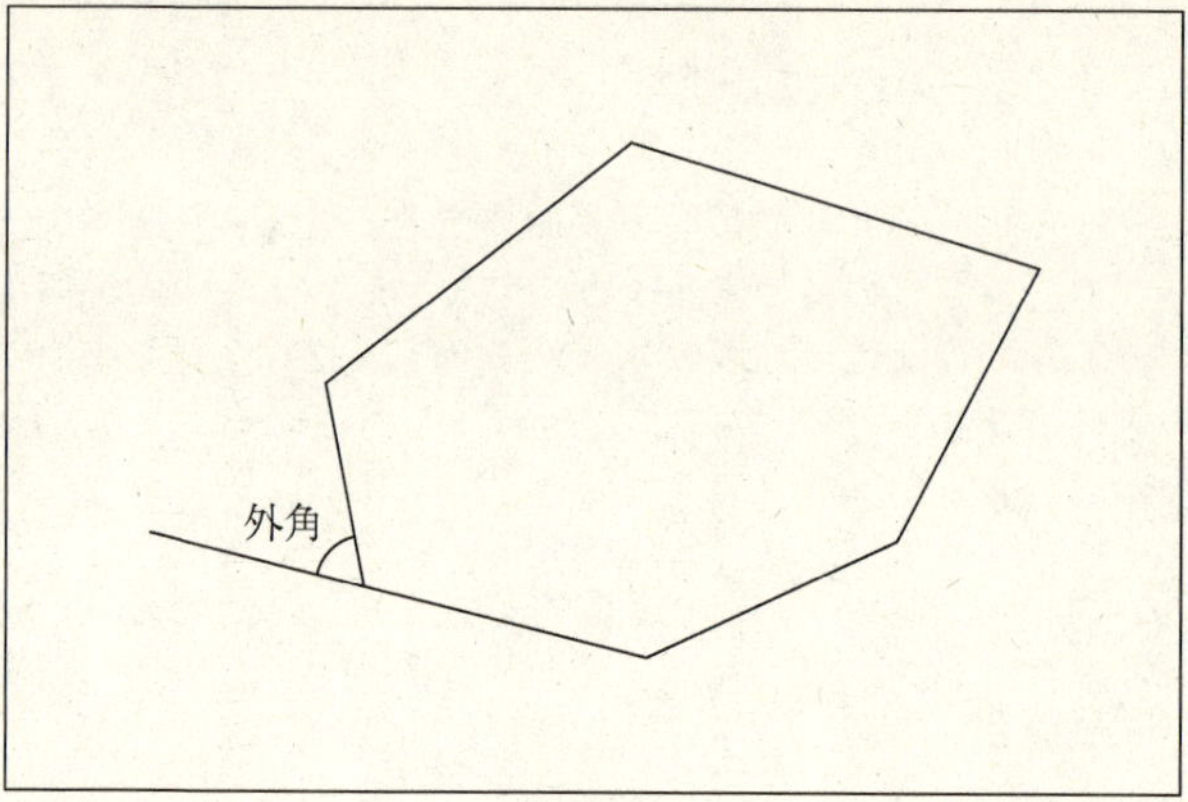

■図57

それらは、実際に多角形の周囲をぐるっと回ることで、周囲がすべて見えることや、三角形の角をちぎって並べると、一直線になることでたしかめられました。

ここで、多角形の**外角**とは、図57の角をいいます。

もちろん、**内角**とは多角形の内側の角です。

ところで、みなさんは、外角の和がどんな多角形でも一定になるのに、内角の和が一定にならないのはなぜだろうかと考えたことがあるでしょうか。

それは事実としてそうなのだから仕方がない、というのも一つの考え方です。

しかし、もしかしたらもう少し別の見方もあるかもしれません。ここではそのもう一つの考え方を紹介します。そのために、角とは何かをもう一度振り返ってみましょう。

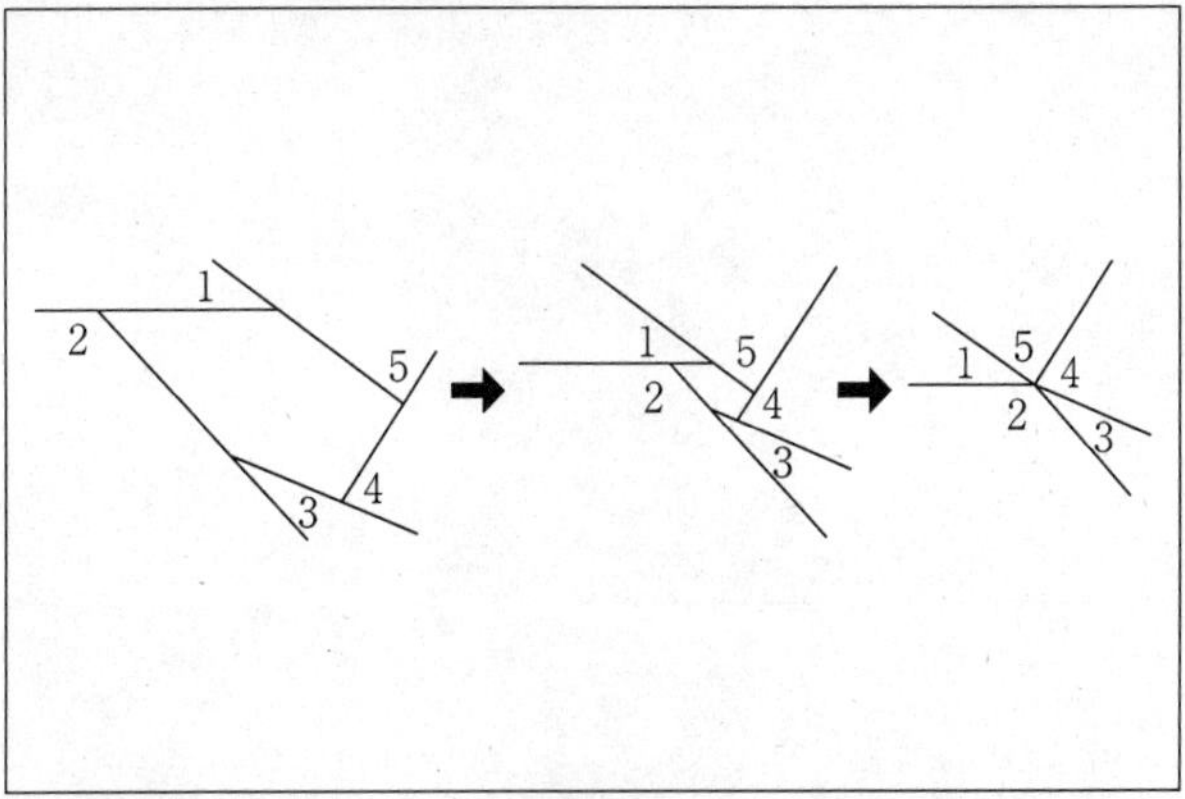

■図58

角には、大きく分けて二つの見方があります。

一つは、角とは**回転量**を表すものだという考えで、いわば動的な見方です。

この場合は、重なっている二つの線分の片方を、たとえば時計と反対方向に回すとき、その開き具合として角が出てきます。

もう一つは、図形のとんがり具合、つまり、図形の頂点の近くでの形を表すものだという考えで、静的な見方です。

この二つはそれぞれに特徴があり、どちらが正しいというものではありません。

たとえば、多角形の外角の和が一定になるということは、回転という考えで見事に説明されます。

一番簡単なのは、多角形の内部に一人の人が立ち、多角形の周囲を回る人を眺めるとい

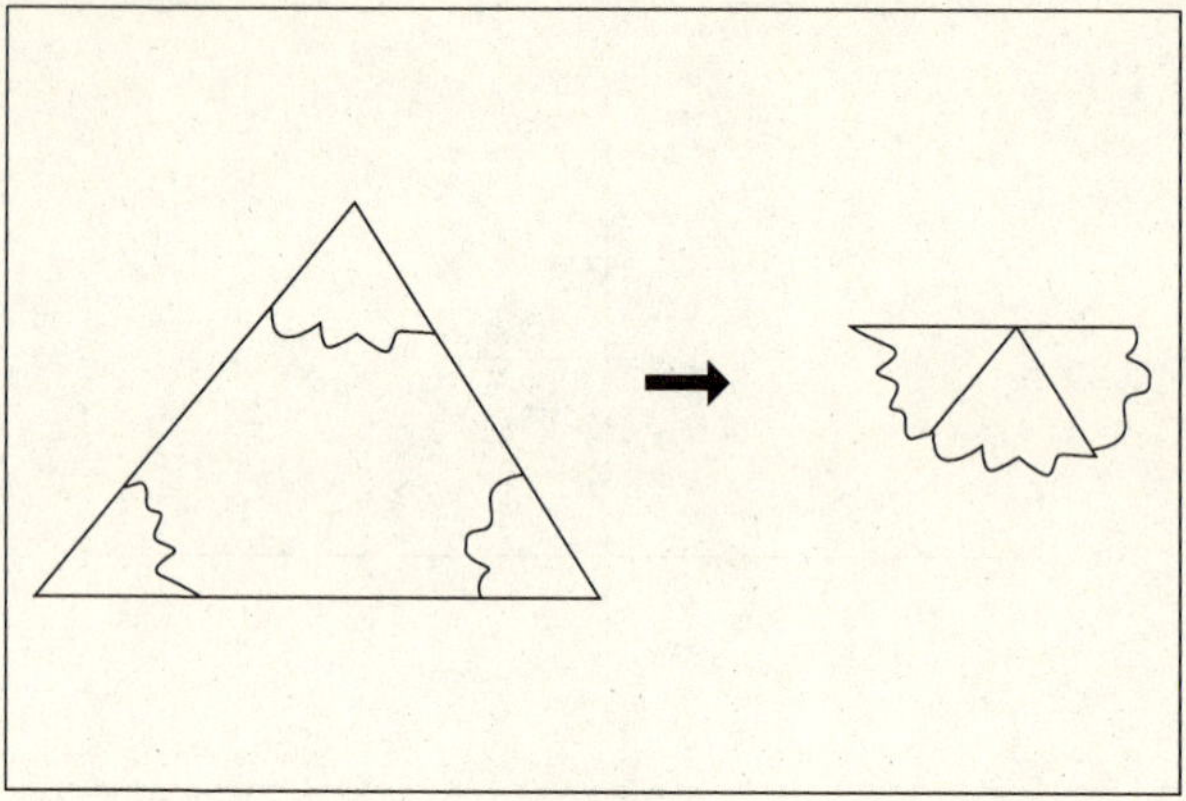

■図59

うものです。

多角形の周囲を歩く人は頂点に来るごとに外角の大きさだけ歩く方向を変えますが、その変化量をすべてたすと、内部にいる人がちょうどひと回りすることになります。

あるいは、機械式のカメラのシャッターが閉まる様子を思い浮かべてもよいでしょう（図58。もっとも、デジタルカメラ全盛なので、機械式シャッターなどは知らない人が多いかもしれませんね）。

このように、外角の和が３６０度になるということは、多角形が内部の点を一周しているということに対応しています。

では、多角形の内角の和はどうでしょうか。

三角形の内角の和が１８０度になることは、前に述べたように小学生が学びますが、小学校では三角形の三つの内角をちぎって並べて

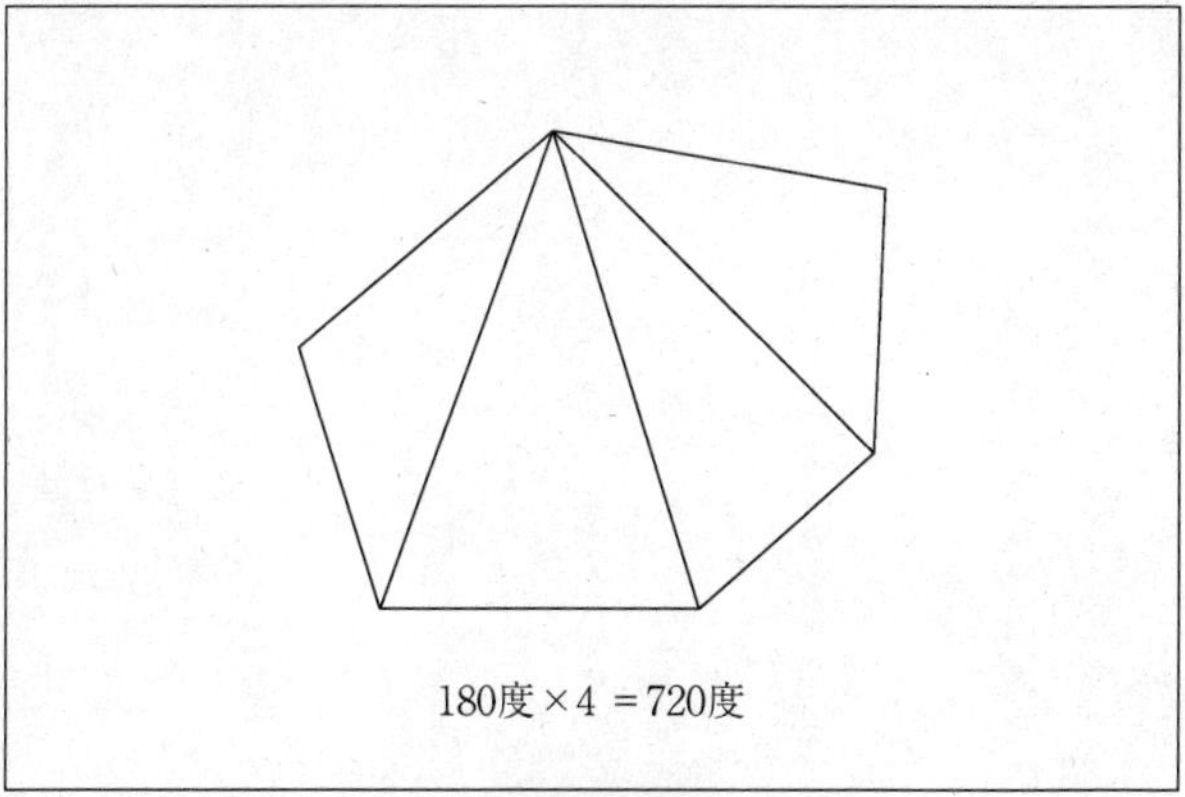

■図60

みることで、１８０度になることをたしかめます（図59）。

三角形の内角の和が１８０度になることがわかれば、四角形、五角形の内角の和は、それを対角線でいくつかの三角形に分けてみればわかります。

それぞれの三角形の内角の総和が、多角形の内角の総和になります（図60）。

どうして内角の和は一定にならないかというのは、ちょっと変わった質問です。

実際にそういう性質なのだから仕方ないでしょう、というのはたしかに一つの答えですが、そこを一歩踏み出すことができないだろうか、というのが、ここで考えてみたいことです。

不変量という考え方

図形の性質を考えるとき、一つひとつの図形の性質を調べることはとても大切ですが、それ以上に、ある図形たちに共通の性質は何かと考えることは、数学にとってもっと大切なことです。

見かけの形は変わっても、この性質はこれらの図形たちに共通であるという性質を、**図形の不変量**といいます。不変量は図形とかぎらず、数学の多くの分野で姿を現します。

たとえば、対称性とは、ある種の操作に対して不変な性質のことでした。

ですから、方程式の章で、対称性という事実が大変に大切な役割を果たしたのです。

あるいは、正比例関数のところで説明した比例定数も、正比例という変化の中での不変量です。

戻って、多角形の外角の和がどんな多角形でも３６０度になるということは、多角形という図形の不変量です。それは、多角形の周囲がひと回りしているという性質の現れでした。

一般に、曲線の曲がり方を**曲率**といいます。これは、多角形の外角を曲線に拡張したものと考えられます。ひと回りする曲線を細かい内接多角形で近似したとき、その内接多角形の外角の和はいつでも３６０度になる、したがって、閉曲線の曲率を曲線全体でたす

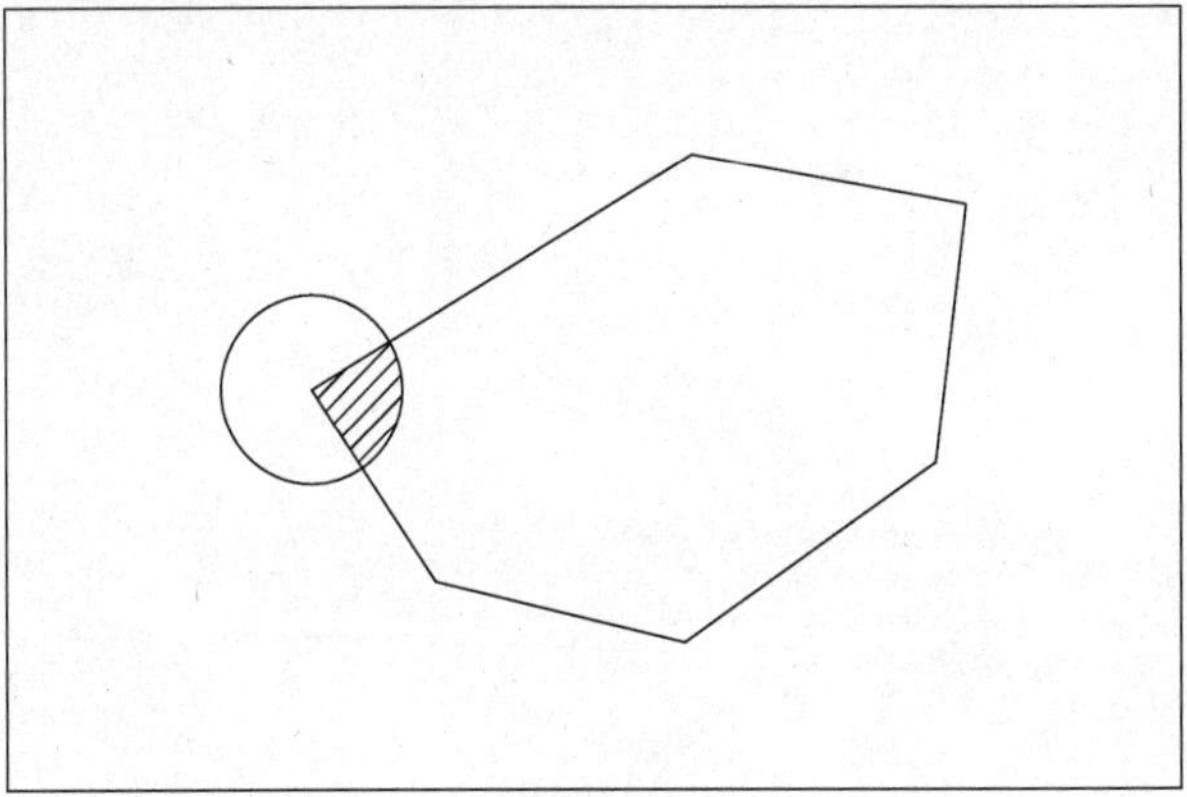

■図61

（曲率の積分をとる）と360度になります。

このように、不変量はとても大切な役割を果たしますが、では、内角について改めて考えてみましょう。

多角形は、いくつかの要素から成り立っています。それは頂点、辺、面です。

普通は、角といえば頂点だけで考えます。しかし、多角形を頂点、辺、面からできる図形と考えるときは、それぞれの要素に対して「角」を考えてもいいのではないでしょうか。

そのために、角を回転量ではなく、図形固有のとがり具合を表す量だと考えましょう。

多角形の頂点で、小さい円を考えます。多角形の内部がその円の中で占める割合を、角と呼びます（図61）。

たとえば、90度は$\frac{1}{4}$、60度は$\frac{1}{6}$と考えます。

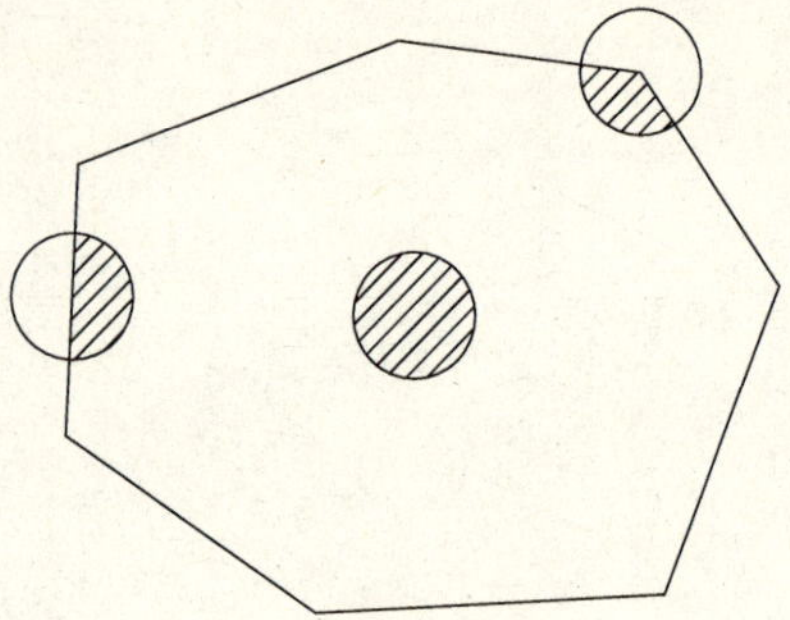

頂点、辺、面の角

■図62

　このように、角とは、「その図形の要素が、その要素の上に頂点を持つ小さい円から切り取る部分の割合だ」と考えると、図形のほかの要素に対しても角を考えることができます。

　たとえば、多角形の辺は、その辺の上に中心を持つ小さな円のちょうど半分を切り取りますから、「辺の角」は$\frac{1}{2}$、つまり１８０度となります（図62）。

　また、多角形の面（多角形の内部）では、内部に中心を持つ円は、そのすべてが図形の中にありますから、「面の角」は1、つまり３６０度ということになります。

　こうすると、平面図形のすべての要素に「角」を対応させることができます。

　これは、回転量と考えたときの角とは少しだけ（あるいはだいぶ?）違っていますが、これも角であることに変わりはありません。

このように、図形のすべての要素、頂点、辺、面に角を対応させたとき、これらの総和はどうなるでしょうか。三角形について考えてみます。

頂点の角の和は180度、つまり、$\frac{1}{2}$です。辺は3本あり、それぞれの角が$\frac{1}{2}$ですから、和は$\frac{3}{2}$です。面の角は360度で1、全部たすと3ですから、720度ということになります。ところが、これをオイラーの公式で使った交代和という考え方でたしてみるとどうなるでしょうか。つまり、

「頂点の角の和－辺の角の和＋面の角の和」

を計算するのです。これを**多角形の内角交代和**といいます。すると、

頂点の角の和－辺の角の和＋面の角の和

$$= \frac{1}{2} - \frac{3}{2} + 1 = 0$$

ですから、三角形の内角交代和は0になるのです。

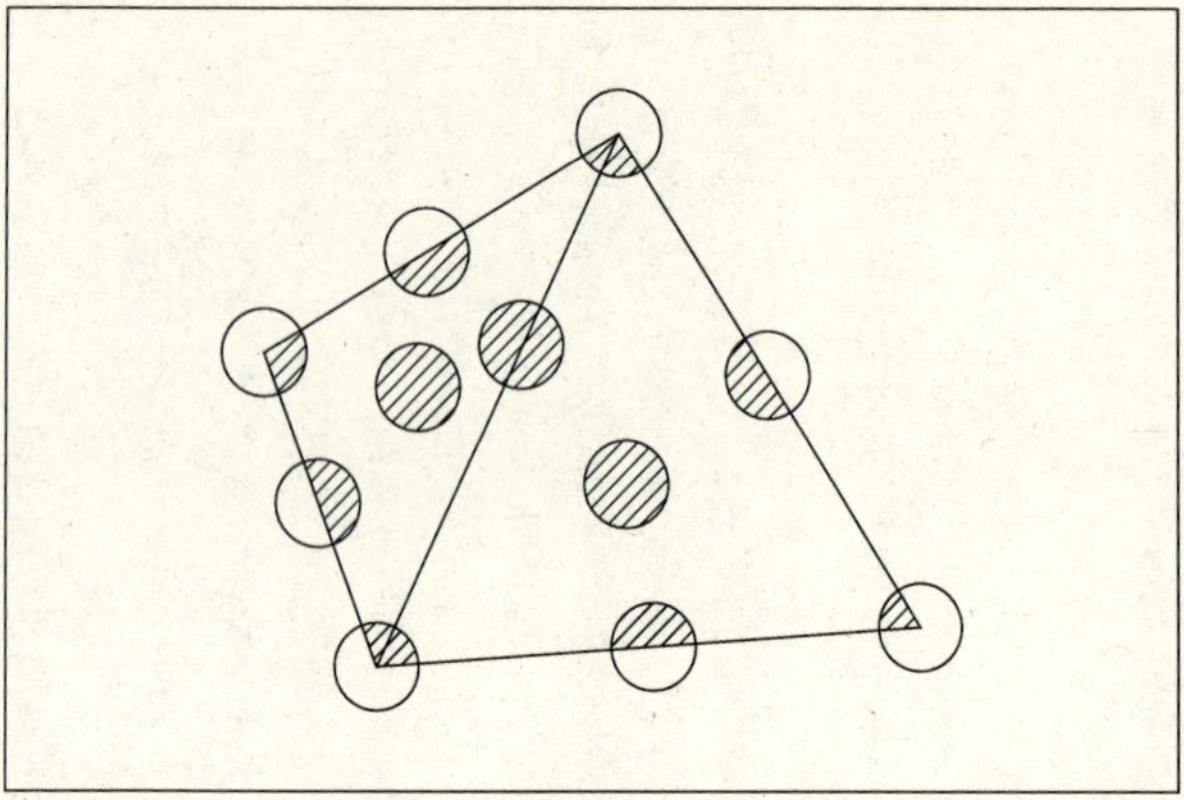

■図63

では、一般の多角形では内角交代和はどうなるでしょう（図63）。

n角形を対角線で$n-2$個の三角形に分割します。

ところで、図63でわかるとおり、この多角形の内部に含まれる辺と分割された三角形の「面の内角」の個数は、面の内角のほうが一つ多い（これも一種の植木算です）ので、交代和にすると面の内角が一つだけ生き残り、結局、多角形の内角交代和は、分割したそれぞれの三角形の内角交代和の和になります。

ここで、分割された一つひとつの三角形については、先に調べたとおりその内角交代和は０ですから、

「多角形の内角交代和＝（三角形の内角交代和）の和＝０」

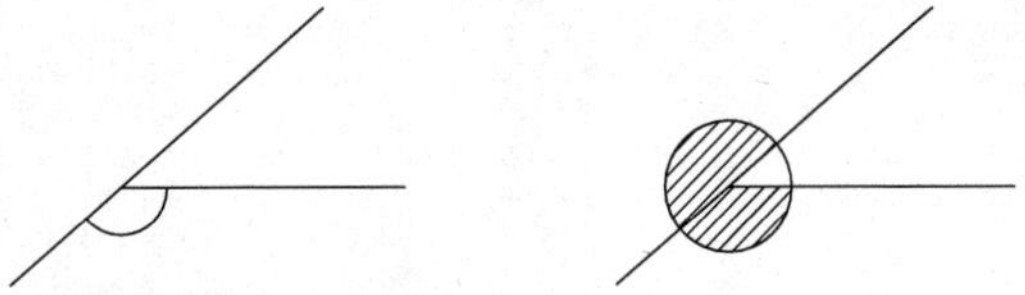

2つの外角

■図64

となることがわかります。

まとめると、この新しい角の定義について、

【定理】　多角形の内角交代和は0である

が得られます。

このように角をたしたり引いたりすると、多角形の「内角和」が多角形の形に関わらず一定であるという視点を得ることができるのです。

ところで、前に説明したように、一般には多角形の外角とは辺の回転量をいいます。

しかし、内角を図形固有のとがり具合、つまり、図形の要素（頂点、辺、面）が円から切り取る部分の割合と考えるならば、外角はその逆で、図形の外部にある円の割合と考えられます。

外角を図64のように考えると、図形の各要素について、「外角＝1－内角」となっていますから、

図形の外角交代和＝(1－頂点の内角)－(1－辺の内角)＋(1－面の内角)
＝1－(内角交代和)
＝1－0
＝1

となり、1とは360度を表していますから、普通の外角と同様に、外角の交代和が360度であることがわかります。

【定理】　多角形の外角交代和は1である

これらの結果は、私たちが普通に考えている角とは少しだけ見方が違っていますが、このように交代和という考え方を取り入れると、多角形の内角和、外角和について新しい見方を導入することができ、その視点では外角和だけでなく多角形の内角和も一定になるのです。

おわりに

いままでの五つの章を通して、小学校以来学んできた数学を振り返り、いくつかの言葉について説明しながら、数学が何をどのような手段で研究している学問なのかを少しだけ考えてきました。

数学が、「数」という概念を扱う学問であることはたしかですが、その「数」は、最初は「ものの個数」を表すものでしたが、次第に抽象化され、ものの状態や運動までもがマイナスの数や複素数で表されることになりました。

つまり、数とは人が考え方一般を扱うために考え出したとても重要な概念であり、道具なのです。

こう考えれば、すべての数はたしかに実在していますし、別の見方をすれば、すべての数は実在はしていないが、実際の量や人が考え出した概念を扱うための必要不可欠なものなのです。

そのような数学を飛躍的に発展させる契機になったのが、文字の使用です。数学はなぜ文字を使うのかといえば、数学が具体例だけではなく概念一般を扱うからです。数一般を表すためには、どうしても「数という概念」を表す記号が必要でした。こうして文字を扱うようになり、数学は「モノ」ではなく「コト」を扱うことに成功したのでしたが、それは同時に文字そのものの扱いを研究する代数学という数学をつくり出しました。

代数という日本語は、この学問の内容をよく表していますが、代数学の歴史の中で一番大きな主題だったのが、「方程式を解く」ということでした。

個々の具体的な方程式を解くことを発展させ、「方程式が解けるとはどういうことなのか」を扱うことに成功した代数学は、現代数学の一つの大きな柱になりました。

一方、数学は文字を使用することで、「法則一般」を扱うようになりました。法則の中で、とくに実生活にも関係が深いのが、「変化の法則」です。

この世界には、さまざまな変化法則があります。その最もシンプルなものが、「正比例」でした。

ここから出発して、数学は多項式で表される変化、あるいは周期的な変化や増大していく変化などを扱うようになったのです。

こうして「関数」の考え方が確立しました。

しかし、ここには一つ大きな問題がありました。

私たちが関数を扱うときは、その値が数値として計算できることが大切です。しかし、具体的に名前がついている関数、たとえば三角関数や対数関数などについても、その値を計算することは難しいのです。

これが、関数がブラックボックスといわれる理由の一つといってもいいでしょう。私たちが具体的に計算ができる関数とは、多項式しかないといってもいいのです。

では、このような関数の値を求めるにはどうしたらいいか。

ここに、微分学の一つの役割があります。

私たちは微分を使うことで、重要な関数のいくつかを（無限次元の）多項式で表すことができるのです。

このテイラー展開は、微分学が関数の解析を目標としていることとの大切な成果の一つです。

数学が、ほかの自然科学と異なる最も大切な点、それは数学が実証ではなく論理的な証明（論証）という説明方法をとるということです。

エウクレイデスの時代では、証明とは「明らかな事実」から順番にわかることを列挙していくということでした。

しかし、平行線の公理をめぐる数学の歴史は、証明という概念を変化させました。

現代数学では、証明とは

「ある仮定された事柄から、どのような事柄を導くことができるか」

ということをいいます。

仮定された事実が正しいかどうかは数学の守備範囲ではない、というのが現代数学の基本的立場です。

すなわち、平行線の公理はユークリッドの公理のほかにもいくつもあり、そのどれを仮定しても矛盾のない幾何学を構成する事ができます。

しかし、その事実と、私たちが実際に住んでいるこの宇宙でどの公理が成り立っているのかということは、全く別の問題なのです。

本書では、以上のようなことをいくつかの具体的な分野に沿ってお話ししてきました。

これが数学という奇妙に魅力的な学問を見直すきっかけになってくれると、とてもうれしいです。

文庫版おわりに

本書は２００６年に同じ『読む数学』というタイトルで、副題を「通読できる数学用語事典」として出版されました。

数学は、ある意味では特別な立場にある学問です。本書の内容は、義務教育から大学初年時までの数学をカバーするように考えてありますが、この分野の数学は時代遅れになることがないのです。

もちろん、最先端の現代数学は大きく変わりました。20世紀半ばには未解決だったいくつかの現代数学の難問、四色問題、フェルマーの最終定理などは21世紀を待たずに解決しましたし、幾何学の難問ポアンカレ予想も21世紀の開幕を待っていたかのように、２００２年に劇的な解決を遂げました。

しかし、微分積分学は著者が高校時代に学んだものが現在でも通用しますし、それはいまも昔も力学的な世界観を養い、世界の成り立ちを知るための必須の知識でもあるのです。

幾何学分野に至っては、二千年以上も昔のエウクレイデス（ユークリッド）の数学がいまでも立派に通用しています。

ここに数学の大きな特徴とその重要性があります。

数学は、基盤の知識としていったん確立されたものは、揺るぎない科学技術の基礎となるのです。

だからこそ、ニュートンやライプニッツが苦心の末に編み出した微分積分学を、若干16歳の高校生が学ぶことにもなります。

じつは微分積分学は計算技術に限ってしまえば、とくに多項式の微分の計算は決して難しくはありません。しかし、計算ができても「微分とは何か」という問いに答えることは難しいでしょう。

数学の学びも、「意味の理解」と「技術の習得」という二つの側面からできています。

意味の理解とは、「自分がいま行っている計算は何なのか」の理解です。

人はわけがわからずとも計算はできるかもしれません。しかし、わけもわからずにできた計算は、知識としてその人に定着することはないでしょう。

科学技術の発展とそれに従事する人にとって計算技術、少し広い意味でいえば記号を運用する技術は必須です。

しかし、記号運用にいくら習熟したとしても、やっていることの意味がわからなければ役に立たないし、危険でもあると思います。

本書の内容を通じて、筆者は読者に、数学が扱う事柄の意味を理解してもらうことを目標にしました。

数学は有用な学問です。

しかしその有用性が、科学技術に従事する人以外にはわかりにくいこともまた事実です。

その点を考えれば、普通の人にとって、数学の有用性とは、自分がしている数学の意味がわかることにほかなりません。

本書が数学の意味を理解する一助になれば、著者としてこんなにうれしいことはありません。

最後に、本書に注目していただき、文庫化を応援してくださった角川ソフィア文庫編集長の大林哲也氏、天野智子氏に心からお礼申し上げます。

二〇一四年一月

瀬山士郎

本書は２００６年10月、ベレ出版から刊行された
単行本『読む数学――通読できる数学用語事典』
を文庫化したものです。

読《よ》む数《すう》学《がく》

瀬《せ》山《やま》士《し》郎《ろう》

平成26年 1月25日　初版発行
平成31年 1月25日　10版発行

発行者●郡司 聡

発行●株式会社KADOKAWA
〒102-8177　東京都千代田区富士見2-13-3
電話 03-3238-8521（カスタマーサポート）
http://www.kadokawa.co.jp/

角川文庫 18368

印刷所●大日本印刷株式会社　製本所●大日本印刷株式会社

表紙画●和田三造

ISBN978-4-04-409452-2　C0141

角川文庫発刊に際して

角川源義

第二次世界大戦の敗北は、軍事力の敗北であった以上に、私たちの若い文化力の敗退であった。私たちの文化が戦争に対して如何に無力であり、単なるあだ花に過ぎなかったかを、私たちは身を以て体験し痛感した。西洋近代文化の摂取にとって、明治以後八十年の歳月は決して短かすぎたとは言えない。にもかかわらず、近代文化の伝統を確立し、自由な批判と柔軟な良識に富む文化層として自らを形成することに私たちは失敗して来た。そしてこれは、各層への文化の普及滲透を任務とする出版人の責任でもあった。

一九四五年以来、私たちは再び振出しに戻り、第一歩から踏み出すことを余儀なくされた。これは大きな不幸ではあるが、反面、これまでの混沌・未熟・歪曲の中にあった我が国の文化に秩序と確たる基礎を齎らすためには絶好の機会でもある。角川書店は、このような祖国の文化的危機にあたり、微力をも顧みず再建の礎石たるべき抱負と決意とをもって出発したが、ここに創立以来の念願を果すべく角川文庫を発刊する。これまで刊行されたあらゆる全集叢書文庫類の長所と短所とを検討し、古今東西の不朽の典籍を、良心的編集のもとに、廉価に、そして書架にふさわしい美本として、多くのひとびとに提供しようとする。しかし私たちは徒らに百科全書的な知識のジレッタントを作ることを目的とせず、あくまで祖国の文化に秩序と再建への道を示し、この文庫を角川書店の栄ある事業として、今後永久に継続発展せしめ、学芸と教養との殿堂として大成せんことを期したい。多くの読書子の愛情ある忠言と支持とによって、この希望と抱負とを完遂せしめられんことを願う。

一九四九年五月三日